AF382760

FSC
www.fsc.org
MIXTE
Papier issu
de sources
responsables
Paper from
responsible sources
FSC® C105338

Éléments de Réflexions
sur l'Éther
des NOMBRES

Édition : BoD - Books on Demand, <u>info@bod.fr</u>

Impression : BoD – Books on Demand, In de Tarpen 42,
Norderstedt (Allemagne)
Impression à la demande

ISBN : 978-2-3225-4033-4

Dépôt légal : juillet 2024

Contact : guybernardavignon@gmail.com
Illustrations, pages 11, 59, 76, 85 & page une de couverture :
guy Bernard

guy BERNARD

Éléments de Réflexions sur l'Éther des NOMBRES

Du même auteur, sous le pseudonyme guy Davignon :

- Réflexions sur la plus grosse « erreur » de l'Histoire de la Physique, ou « catastrophe du vide ». BoD Éditions, 2024.

I

L'univers est vivant parce que les atomes sont inquiets.
Edgar Poe.

*Le monde est le résultat d'un accord infini ; et la vision du monde,
la conception de l'Univers, est fondée sur notre pluralité intérieure.*
Novalis (1772-1801)

*Le poète n'impose rien, il est à soi-même sa propre imposition.
Sa plus somptueuse parure est sa nudité.. Loin de se briser aux
frontières de celles des autres, la liberté du poète s'agrandit des
libertés de tous comme elle les agrandit en retour.*
Pierre Vandrepote.

*N'accordez aucun crédit à « quiconque affirmerait qu'il sait et que
vous ne savez pas ou que celui qui sait va vous communiquer un
enseignement ».*
Krishnamurti.

*Contrairement à l'idée populaire entretenue par les journaux et les
autres mères des savants, un nombre considérable de ceux-ci sont non
seulement étroits d'esprit et ne sont pas drôles, mais sont encore
complètement idiots.*
James D. Watson

*Ils développeront un véritable génie pour se détruire les uns les autres,
bien avant même la guerre de tous contre tous. Plusieurs découvertes
seront faites qui serviront à mieux faire la guerre ; une intelligence
infinie sera employée pour contenter les instincts les plus bas.*
Rudolf Steiner.

*Sans croire à la folie, j'ai connu pendant la guerre un fou qui ne
croyait pas à la guerre. D'après lui, les prétendues « hostilités »
n'étaient, à une échelle très vaste, que l'image d'un tourment à lui
infligé, encore qu'il ne sût dire à quelles fins (mais nous étions
beaucoup dans le même cas.)*
André Breton

C'est dans l'organisme désordonné de l'homme d'aujourd'hui
que se reflète l'organisme désordonné de l'univers.
Antonin Artaud.

On sait ce que sont le soleil, les cieux. Nous avons le secret de leurs
mouvements. Dans la main d'Élohim, instrument aveugle, ressort
insensible, le monde attire nos hommages. Les révolutions des
empires, les faces des temps, les nations, les conquérants de la
science, cela vient d'un atome qui rampe, ne dure qu'un jour, détruit
le spectacle de l'univers dans tous les âges.
Isidore Ducasse, Comte de Lautréamont.

Quoiqu'il en soit, je crois que l'imagination humaine n'a rien
inventé qui ne soit vrai dans ce monde ou dans les autres et je ne
pouvais douter de ce que j'avais vu *si* distinctement.
Gérard de Nerval.

Le raz de marée déferla vite et l'homme s'envole vers les frontières.
Ne revient plus. Ne reviendra. Même si un jour le souvenir
(une femme dans sa loge / « de qui sont donc ces fleurs si belles ? »)
La blancheur du désert étincelle sans les rires des humains venus tard
aux saveurs de la vie. Et la vie est si vide. Black & Blue. Uneivresse.
Marc Questin.

Je vous ferai bondir, si j'osai vous avouer que je n'admet aucune
solution de continuité, aucune coupure entre les mathématiques et
la physique, et que les nombres entiers me semblent exister en dehors
de nous et en s'imposant avec la même nécessité, la même
fatalité que le sodium, le potassium, etc.
Charles Hermite.

Depuis ma plus tendre enfance, je m'interroge sur l'origine de l'Être
humain : provient-il à la suite de la chute d'un Dieu déchu n'ayant
qu'une vague mémoire de ses capacités potentielles extraordinaires,
ou a-t-il émergé au cours de l'évolution à partir du monde animal ?

Étienne Guillé

Médecin, Philosophe, astrologue et mathématicien, Jérôme Cardan (1501-1576) étudie à l'université de Pavie puis à celle de Padoue où il obtient son diplôme de médecin en 1526. Il s'installe alors à Milan, donnant des cours de mathématiques, et se passionne pour les équations de degré 3 et 4. Plus tard, avant Fermat et Pascal, il publiera un ouvrage sur le calcul des probabilités. Pour rendre la boussole insensible aux mouvements des bateaux il inventera un mécanisme permettant le déplacement angulaire dans toutes les directions de deux arbres dont les axes sont concourants. On l'appelle de nos jours joint de cardan, ou plus simplement cardan. Astrologue réputé, le roi d'Angleterre Édouard VI, atteint de rougeole puis de petite vérole fait appel à ses services en 1552; cardan lui dresse son horoscope et lui prédit une durée de vie supérieure à la moyenne, mais le roi meurt l'année suivante de la tuberculose. Plus tard, l'Église le condamne pour avoir dressé l'horoscope de Jésus-Christ. Suspecté d'hérésie, il sera mis en prison. Il en ressortira quelques mois plus tard mais sans le droit d'enseigner et de publier. Il vivra ensuite à Rome, d'une pension jusqu'à sa mort dont il prédira qu'elle aura lieu trois jours avant ses 75 ans. Peu de temps avant la date fixée, il cesse de s'alimenter et meurt effectivement le jour dit.

Au cours de sa vie, Cardano aura eu la chance de rencontrer Niccolo Fontana dit Tartaglia (Brescia 1499-Venise 1557). Tartaglia est issu d'une famille pauvre. Il échappe de peu à la mort à l'age de 13 ans lors du massacre de son père par les soldats de Louis XII. Sa mère réussira à le sauver, mais sa blessure au palais lui laisse un défaut de parole qu'il conservera toute sa vie, (d'où son surnom). Plus tard il volera livres et cahiers pour continuer d'apprendre en autodidacte. Devenu adulte, il enseignera les mathématiques dans différentes villes d'Italie tout en participant à des concours afin de gagner sa vie. C'est en 1535, lors d'une confrontation avec Fiore qu'on lui propose 30 équations du $3^{\text{ème}}$ degré du type $\mathbf{x^3 + px = q}$. Dans la nuit du 12 au 13 février, il trouve la résolution générale de ce type d'équation et il résout les 30 équations en quelques heures. Cardan, mis au courant de son succès, le persuade de lui révéler sa méthode. Tartaglia cède. Cardan trouve alors la solution générale des équations du $3^{\text{ème}}$ degré. Les deux hommes, tout comme Bombelli, Leibniz, Euler, Argand, Gauss… font partie des pionniers dans la recherche sur les nombres complexes et donc, sur la reconnaissance des nombres imaginaires tel que $\sqrt{-1}$. Les mathématiciens ont mis près de trois siècles pour les accepter et les intégrer à l'ensemble des nombres, tant leur nature semblait déroutante. Nous allons donc, brièvement, exposer une équation mettant en évidence leur réalité qui n'est plus controversée de nos jours puisque ces nombres sont devenus indispensables dans la résolution des équations en physique des particules.

Prenons deux nombres, m et n, dont la somme S est 10 et le produit P = 40.
Nous pouvons écrire : $\mathbf{S = m + n = 10}$ et $\mathbf{P = mn = 40}$.

Sachant que deux nombres réels dont la somme est S et le produit P sont, s'ils existent, les racines de l'équation du second degré $\mathbf{X^2 - SX + P = 0}$, nous pouvons écrire :
$\mathbf{X^2 - 10X + 40 = 0}$, puisque nous connaissons S et P.
Reprenons maintenant la somme S = m + n = 10 et représentons-la par un schéma :

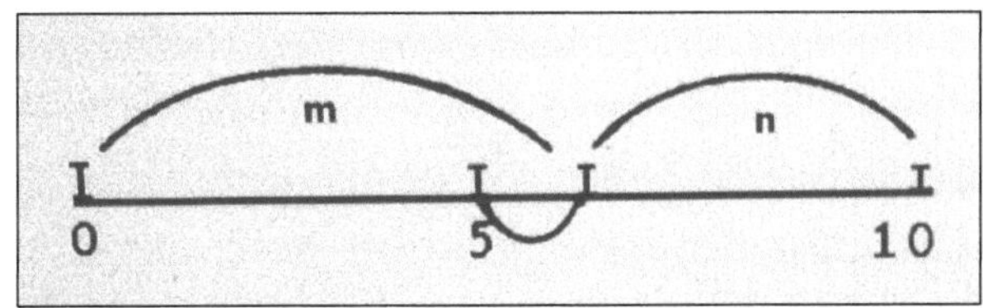

Les deux nombres que nous recherchons peuvent dorénavant s'écrire :

m = 5 + x et n = 5 - x.

Il nous reste à découvrir x. Réalisons le produit P avec ces deux nouvelles données.

P = mn = (5+x).(5-x) = 40.

Si nous développons, P = 25 + 5x - 5x - x² = 40.
Donc, 25 - x² = 40.

Donc x² = -15
Et x = √-15 = (√+15) . √-1

Retenons bien de cette démonstration, que le produit de la racine d'un nombre positif, √+15, multipliée par la racine d'un nombre négatif, √-1, génère bien la racine d'un nombre négatif, ici √-15. La règle des signes semble bien respectée, mais en fait, et la différence est subtile, nous avons (avec i = √-1) :

$$(+i) . (+i) = + i^2 = -1 = (-i) . (-i)$$
et
$$(+i) . (-i) = - i^2 = +1 = (-i) . (+i)$$

C'est Rafaele Bombelli (1526-1573), qui fut le premier à rédiger explicitement les règles de calcul sur les nombres complexes de la forme **a + bi**, ou bi représente la partie imaginaire. Bombelli a consigné ses calculs dans le seul ouvrage connu de lui : *Algebra, parte maggiore dell'aritmética, divisa in tre libri,* publié en 1572, juste avant sa mort, et c'est en 1777 qu'Euler introduira la lettre i pour remplacer $\sqrt{-1}$. Gauss généralisera l'emploi de cette notation pour ces nombres dont **G.W. Leibniz (1646-1716) disait : « Les nombres imaginaires sont le refuge magnifique et étonnant du St Esprit. Une sorte d'amphibie tenant le milieu entre l'être et le non-être ».** Les nombres négatifs peuvent être considérés comme leurs ancêtres et toute équation de la forme $x^2 + a = 0$, où a est supérieur à 0, implique l'intervention des nombres imaginaires, ces racines carrés de nombres négatifs, et le signe de toute racine carrée d'un nombre négatif se révèle ***indécidable*** *du fait de la règle des signes qui veut que + que multiplie − égal moins.*

Cardano écrivait déjà, dans *Ars magna*, « $\sqrt{-9}$ n'est ni +3, ni -3, mais un objet d'une troisième et mystérieuse nature [quaedam tertia natura abscondita] ». Mais de quelle nature peut-il bien s'agir ? L'indécidabilité du signe est-elle ici synonyme d'ubiquité ? La règle des signes ne s'inverse-t-elle pas avec l'introduction dans les calculs du symbole i ? Quoi qu'il en soit, si les nombres positifs ont une racine, il n'y a pas de raison pour que les nombres négatifs n'en est pas, et l'appellation *nombre imaginaire* sera finalement donné à ces nombres dont le carré est un nombre négatif. Leur extension sous la forme des nombres complexes donnera un formidable essor à la physique des ondes et des vibrations.

Cet « objet mystérieux » me fait inévitablement penser à l'état-T (de tiers inclus) si admirablement décrit, analysé, par Stéphane Lupasco, ainsi qu'à la particularité de certaines langues anciennes, d'avoir préservé le *singulier-pluriel.* Mais de quelle nature peut-il bien s'agir ? Nous comprenons bien que la découverte des nombres dits « imaginaires » est une conséquence logique de la règle des signes. Rappelons cette dernière :

+ que multiplie + = +

- que multiple - = +

+ que multiplie - = -

- que multiplie + = -

De fait, tout nombre positif à deux racines carrées, (tout comme il à trois racines cubiques, quatre racines quatrièmes… etc). Donc la racine carrée de +4 peut-être +2 ou -2.

Qu'en est-il pour un nombre négatif ? $^2\sqrt{-4}$ = ?

Ni +2 ni -2 puisque ces deux nombres élevés au carré nous donne +4.

Nous savons que seuls +2 . -2 = -4 ; ainsi que -2 . +2

Nous sommes donc réduits à écrire que :

$$\sqrt{-4} = 2\sqrt{-1}. \ 2\sqrt{-1} \ ; \ ou \ -2\sqrt{-1}. \ -2\sqrt{-1}$$

Et pour simplifier l'écriture, sous remplaçons $\sqrt{-1}$ par le symbole i.

Donc $\sqrt{-4}$ = +2i ou -2i

Mais remarquons bien ceci : Il suffit d'inverser la règle des signes pour que les nombres réels deviennent imaginaires, et inversement. En fait, les nombres dit imaginaires sont tout aussi réels que les nombres réels, et en physique, nul doute qu'ils expriment un autre aspect de notre réalité; réalité métaphysique ?

Nombres imaginaires et moyenne géométrique.

*Si l'on veut atteindre la vérité, il est nécessaire, une fois dans sa vie,
de mettre tout en doute, aussi complètement que possible.*
Descartes

*Les nombres complexes a + bi et a - bi sont dits complexes
conjugués. Et l'opération de « conjugaison » - autrement dit, le
passage d'un nombre complexe à son complexe conjugué (ou, de
manière équivalente, l'inversion du signe de la partie imaginaire d'un
nombre complexe) - est une symétrie fondamentale du système des
nombres complexes. Certains systèmes de nombres admettent un
ensemble sidérant de symétries, de miroirs internes. L'un des grands
défis de l'algèbre moderne est de comprendre et utiliser ces miroirs
internes.*
Barry Mazur

*Le génie, c'est la capacité de traiter comme réels des objets
imaginaires.*
Novalis

*La permanence de certaines notations symboliques pourrait faire
penser que les entités mathématiques constituent un univers tout à fait
stable. Mais c'est certainement une illusion. Quel est le sens
« véritable » du symbole i ?*
Pierre Thuillier

*Il est clair que dans les disciplines ésotériques et
occultes, sont dissimulées soigneusement les causes premières
des processus vitaux. Ces causes premières peuvent être
définies par des nombres et par des lois reliant ces nombres
entre eux. Il en est résulté des symboliques multiples propres à
chaque civilisation où ces données élémentaires ont été
transposées, sorties de leur contexte systémique, exploitées
souvent à des fins de pouvoir et parfois radicalement déformées*

Tout comme Wallis un siècle plus tôt, Wessel et Argand considéraient $\sqrt{-1}$ comme une sorte de moyenne géométrique entre +1 et −1. Et si John Wallis concevait dès 1685, qu'il fallait sortir de la droite des entiers relatifs pour visualiser les racines imaginaires, c'est Adrien Quentin Buée qui fit de racine carrée de -1 un *signe de perpendicularité,* vers 1805. Les premières représentations géométriques seront exposées en danois, dans un « Essai » de l'arpenteur Caspar Wessel, et par le suisse Jean Robert Argand (publication de 1806 et 1813). On parle encore parfois, d'ailleurs, *de plan d'Argand,* ou *de diagramme d'Argand.*

Et si nous nous intéressons aux moyennes arithmétique **(M)**,

M = (A+B)/2).

Géométrique **(G)**, **G = (AB)^{0,5}**

et harmonique **(H)**,

H = (2AB)/(A+B) de deux nombres, a et b, dont l'un est négatif et l'autre positif, tels que -1 et +1, sachant que **G** est aussi la moyenne géométrique des deux autres moyennes :

$$G = (MH)^{0,5}$$

nous constatons que pour a et b de même valeurs et de signes opposés, leurs moyennes arithmétique (**M**) et harmonique (**H**) introduisent le zéro et l'infini.

La moyenne arithmétique M est égale à zéro :

$$M = (+1 + -1)/2 \; = \; 0/2 = 0,$$

et la moyenne harmonique H est un nombre négatif, -2, divisé par 0, *(0 est un nombre pair sans signe),* ce qui nous donne :

$$H = \; 2.(+1.-1)/(1+-1) = \; (-2/0) = -\infty, \text{ moins l'infini.}$$

C'est ce que l'on appelle, en physique, une singularité, sans aucune signification pour beaucoup, mais il n'en est pas de même en mathématique.

Si ces deux résultats n'avaient aucune signification, d'ailleurs, *n'en serait-il pas de même pour la moyenne géométrique, G, qui est elle-même la moyenne des deux précédentes (M et H)* ? Or celle-ci existe, et c'est l'unité imaginaire, i. Nous pouvons donc écrire :

$$\boxed{G = [(0/2).(-2/0)]^{0,5} = \; (+1 \, . \, -1)^{0,5} = \; \sqrt{-1} = \; i}$$

Du coup, i, est la moyenne géométrique (G), de 0 et de moins l'∞,

$$\boxed{G = \sqrt{(0.-\infty)} = G_{(1.-1)} = \; i}$$

i est également la moyenne géométrique de -0,618… et de +1,618… Le nombre d'Or et son inverse en négatif :

$$\boxed{\sqrt{(-\varphi.+\Phi)} = \sqrt{(+\varphi.-\Phi)} = i}$$

Ceci étant, l'existence des racines des nombres négatifs implique-t-elle une extension de la règle des signes, comme l'avait probablement pressenti **Rafaele Bombelli** (1526-1573) ? Ces racines, dites nombres imaginaires, et dont l'unité est $\sqrt{-1}$, symbolisée par la lettre i par Euler (1707-1783), composent avec les nombres dits réels, les nombres complexes de la forme a + bi définissant le plan complexe, et dont l'extension par Sir Hamilton (1805-1865), aboutira à ces nombres hypercomplexes que sont les quaternions indispensables pour couvrir l'espace tridimensionnel et donc indispensable à la théorie de la relativité d'Albert Einstein (1879-1955). A ce propos, Lucien Romani nous rappelle qu'au début du XXème siècle, à la grande époque de la révolution quantique en physique, les quaternions étaient à peu près oubliés. *« Les relativistes de l'époque manquèrent le coche par la faute d'un Professeur d'Einstein qui le lança sur le calcul des tenseurs, notamment les quadrivecteurs dans l'espace-temps à quatre dimensions de Minkowski (1864-1909) »*, Minkowski dont Albert Einstein sera l'un des élèves à Zurich ; mais pour Lucien Romani, l'espace-temps de Minkowski ne peut pas représenter l'espace physique.

Alors que penser de i ? (L'unité imaginaire). Et de i^i, dont l'équivalence est un nombre réel, 0,207 879 576… ? Ou de $i^{\pi i}$, qui est égal à 0,007 191 883… *(Nombre très proche de la constante électromagnétique de structure fine α) ? Ou de :*

$$(i\sqrt{5} + i)(2i) = 1,618033988\ldots \; le \; nombre \; d'Or \; !$$

Nombre d'Or qui peut donc être défini à partir de 3 entités imaginaires, 3 valeurs différentes de i !
Il en est d'ailleurs de même pour le nombre e, de John Napier (1550-1617), base des logarithmes naturels (ln), et défini par ln(e) = 1.

$$e = 2,71828\ldots = (i/i) + (i/i) + (i/2i) + (i/6i) + (i/24i) + (i/120i)\ldots$$

Ainsi que du nombre π d'Archimède :

$$\boxed{2i.(\ln\text{-}i) = \pi}$$

Vous vous souvenez, je pense, de cette formule d'Euler, formule d'autant plus élégante qu'elle est simple :

$$e = (1+1/n)^n = e^1 = 2,7182818\ldots \text{ lorsque n tend vers l'infini.}$$

Constatons que nous pouvons donner toutes les valeurs possibles à n, et donc, pourquoi pas, un nombre de la suite des nombres de Lucas (L), dont nous savons qu'ils sont équivalents aux puissances du nombre d'Or, Phi (φ). Donc $\varphi^n = L$ lorsque n tend vers l'infini, et le génial Euler a su nous démontrer que :

$$e^x = (1+x/n)^n$$

En remplaçant x par π, nous pouvons alors mettre en relation ces trois invariants cosmiques que sont e, π et φ.

$$\boxed{\, e^{\pi} = \left(1 + \frac{\pi}{\varphi^n}\right)^{\varphi^n} \,}$$

Un nombre réel élevé à une puissance réelle ne saurait générer un nombre imaginaire, ce dernier a donc des propriétés que le nombre réel n'a pas, (et inversement), de fait, la racine i-ième d'un nombre réel peut-être égale à l'unité imaginaire, i, tout comme le logarithme à base i d'un nombre réel :

$$\boxed{\,\sqrt[i]{0{,}207\ 879\ 576\ldots} = i \ ; \ et : \ \log_i 0{,}207\ 879\ldots = i\,}$$

Comparons ces deux unités, +1 et + i, sachant que i est la moyenne géométrique de +1 et de -1 ; alors que +1 est celle de +i et de -i.

$G_{(+1\,;\,-1)} = \sqrt{-1} = +i,$ ou -i.

et d'autre part :

$G_{(+i\,;\,-i)} = \sqrt{+1} = +1,$ ou -1

et retenons que : diviser par i inverse le signe et la nature d'un nombre réel, et seulement la nature d'un nombre imaginaire, qui alors devient réel. Multiplier par i, inverse la nature d'un nombre réel, et inverse le signe et la nature d'un nombre imaginaire, qui alors devient réel.

	Nombre Réel (+R)	Nombre Imaginaire (+i)
DIVISION Par i	=> - i	=> +R
MULTIPLICATION Par i	=> +i	=> -R

Reprenons maintenant le plan complexe de Gauss-Argand avec ses deux axes, celui des nombres réels, de +1 à -1, et celui des nombres dits imaginaires (+i et -i) :

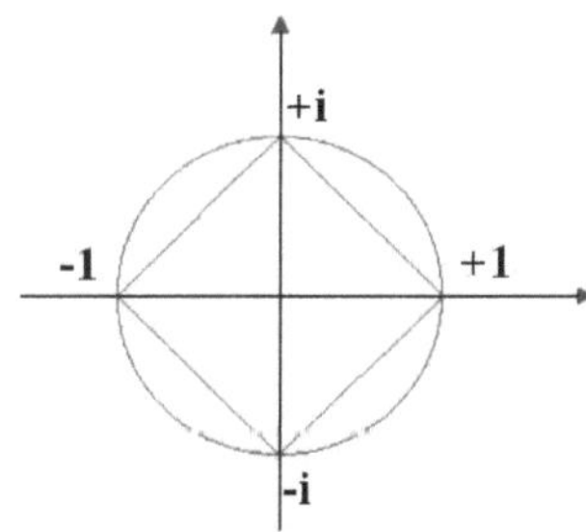

Ce qui est remarquable, c'est que tous les nombres réels peuvent finalement être « remplacés » par des nombres imaginaires.

Ainsi +1, nombre dit réel = i^0 = i^4 = i^8 … = (+i.-i)

+2 sera donc égal à (+i.-i) + (+i .-i)

Nous pouvons ainsi reconstruire toute la suite des entiers naturels positifs.

Même chose pour la suite des entiers naturels négatifs :

-1 = i^2 = i^6 = i^{10} … = $+i^2$ = $-i^2$

De fait, -2 = i^2 + i^2

-3 = i^2 + i^2 + i^2

etc…

Les nombres imaginaires peuvent donc (re)créer tous les nombres réels *(les physiciens devraient s'en inspirer).*

Le quadruplet ainsi représenté ci-dessus dans le plan complexe forme ce que l'on appelle les nombres de De Moivre d'ordre 4. Autrement dit les 4 racines quatrième de l'unité (+1) qui sont : +i, -1, -i et +1 (deux d'entre elles, i et -i, sont également racines carrés de -1.)

Nous pouvons écrire, d'une part, l'équation que forme les nombres réels + 1 et -1 :

$X^2 - 1 = 0$

Et d'autre part, celle que forme les nombres imaginaires +i et -i :

$X^2 + 1 = 0$

Si nous inversons la règle des signes, tous les nombres réels deviennent « imaginaires » et tous les nombres dits « imaginaires » deviennent réels. Se pourrait-il que la règle des signes obéisse à une loi ontologique de symétrie ? La règle des signes classique n'est-elle pas une pure convention ? L'extension de la règle des signes implique que :

$$+ \text{ que multiplie } + = -$$
$$- \text{ que multiple } - \ = -$$
$$+ \text{ que multiplie } - \ = +$$
$$- \text{ que multiplie } + = +$$

Et tout un chacun pourra vérifier que :

$$+i \text{ que multiplie } +i = - 1$$
$$-i \ \text{ que multiplie } -i \ = - 1$$
$$+i \text{ que multiplie } -i = + 1$$
$$-i \ \text{ que multiplie } +i = +1$$

En conclusion, l'« indécidabilité » du signe de $\sqrt{-1}$ est possiblement synonyme d'« ubiquité ». Et si le signe de la racine carrée d'un nombre négatif est *indécidable*, il a néanmoins deux solutions, tout comme la racine carrée d'un nombre positif a deux solutions, positive et négative.

Le simple fait d'inverser la règle des signes fait que les nombres réels deviennent imaginaires et inversement.

Les nombres imaginaires ont des propriétés que les nombres réels n'ont pas, et inversement. Leur extension sous la forme des nombres complexes et hypercomplexes donnera un formidable essor à la physique des ondes et donc à la connaissance des phénomènes vibratoires. ***(Mais nous ne savons toujours pas véritablement qui est i !).***

Une dernière remarque, maintenant que nous avons compris que $\sqrt{-1} = +i$ (ou -i). Celle-ci nous signifie que la racine de -1 devient décidable **sous forme imaginaire ; mais dans ce cas, il n'en est plus de même pour la racine de +1, puisque +1 = +i.-i , sa racine carrée devient donc indécidable !** (Comme quoi on peut toujours renverser une situation !)

DOUBLE STRUCTURE DU NOMBRE 666.

Nous pouvons mettre en évidence deux structures, soit à partir des entiers positifs, de 2 à 10, soit à partir des entiers négatifs de -3 à -11.

A +	B +	C =	D
Nombres de base n	Nombres de Vie *(ou nombres d'homme)* $n^2 + 1$	Nombres en Plénitude* *(Racines Spirituelles)* $[n.(n+1)]/2 = (n^2+n)/2$	Somme = NOMBRES CRYPTIQUES $\{[3n + 3(n^2)]/2\} + 1$
2	5	3	10
3	10	6	19
4	17	10	31
5	26	15	46
6	37	21	64
7	50	28	85
8	65	36	109
9	82	45	136
10	101	55	166
Somme = 54	Somme = 393	Somme = 219	Somme Totale = 666

OU NOMBRE TRIANGULAIRE.

Nombres de base n	Nombres de Vie *(ou nombres d'homme)* $n^2 + 1$	Nombres en Plénitude *(Racines Spirituelles)* $[n.(n+1)]/2 = (n^2+n)/2$	Somme = NOMBRES CRYPTIQUES $\{[3n + 3(n^2)]/2\} + 1$
-3	10	3	10
-4	17	6	19
-5	26	10	31
-6	37	15	46
-7	50	21	64
-8	65	28	85
-9	82	36	109
-10	101	45	136
-11	122	55	166
Somme = -63	Somme = +510	Somme = +219	Somme Totale = +666

Parmi ces nombres, obtenus par sommification au sein de ces deux tableaux, outre le nombre 666, somme des nombres 1 à 36, et somme des carrés des sept premiers nombres premiers :

$$666 = 2^2 + 3^2 + 5^2 + 7^2 + 11^2 + 13^2 + 17^2$$

Nous reconnaissons les nombres 54 et 393.

54 est le nombre de la Tétractys platonicienne défini par Don Néroman.

393 est la somme des numéros atomiques des sept métaux principaux de la tradition alchimique, c'est aussi l'« électrum » des anciens qui voyaient une correspondance, vibratoire, analogique, entre ces 7 métaux (microcosme) et les 7 planètes du système solaire (macrocosme). Nous savons, depuis les travaux d'Étienne Guillé (découverte d'un second code génétique, à base deux), que ces métaux jouent un rôle particulier au sein de notre patrimoine génétique via l'hétérochromatine constitutive de notre ADN. L'activité vibratoire de cet ADN, non codant, dirigeant finalement le code génétique classique à base trois (3 à 4 % de l'ADN total), découvert en 1953 par Francis Crick et James Watson.

Le tableau suivant reprend le numéro atomique, le nom du métal et son symbole chimique ainsi que la planète et le jour correspondant.

Métaux	Planètes	Jours de la semaine
26 Fer (Fe)	Mars	Mardi
29 Cuivre (C)	Vénus	Vendredi
47 Argent (Ag)	Lune	Lundi
50 Etain (Sn)	Jupiter	Jeudi
79 Or (Au)	Soleil	Dimanche
80 Mercure (Hg)	Mercure	Mercredi
82 Plomb (Pb)	Saturne	Samedi

Dans ce tableau, j'ai choisi l'ordre croissant des numéros atomiques des 7 métaux alchimiques, mais nous pouvons tout aussi bien choisir l'ordre cinétique des 7 planètes ou l'ordre influentiel des 7 jours de la semaine. Ces trois grands types d'organisations peuvent être représentés sous la forme d'heptagrammes.

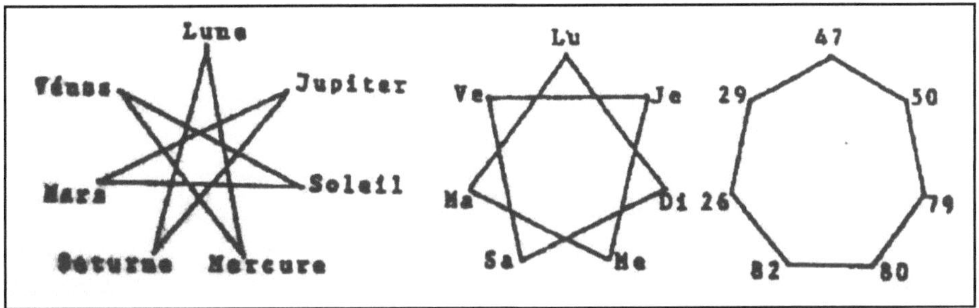

Il nous suffit alors de permuter les deux *« maléfiques »*, Mars (n°26) et Saturne (n°82), pour obtenir de droite à gauche, l'ordre de la gamme musicale, celui des tierces et l'ordre des quintes.

> *Qu'est-ce qu'un nombre ? Un atome.*
> *Qu'est-ce qu'un atome ? Un nombre.*
> *Un nombre qui s'est fait chair.*

MASSES ET CHARGES, POSITIVES OU NÉGATIVES, EXTENSION DE L'ÉQUATION DE CHAMP D'ALBERT EINSTEIN PAR J.P. PETIT.

La formule de Lucien Romani (1), *(volume en creux multiplié par une masse volumique ou densité positive = une masse négative), peut se vérifier avec les unités de Planck, exemple :*

$$(-l_p)^3 . (m_p . l_p^{-3}) = -m_p = -2{,}176 . 10^{-8}$$

Dès lors que nous avons une racine carrée dans une équation ou une formule de physique, **deux solutions s'imposent**. Exemple avec l'une des formules des unités de Planck :

$$m_p = \sqrt{(\hbar c / G)} = \sqrt{4{,}737 . 10^{-16}} = +2{,}176\ldots . 10^{-8} \text{ ou } -2{,}176 . 10^{-8}$$

Les nombres imaginaires inversant la règle des signes classiques : (+i . +i = -1), nous constatons que la loi de Coulomb, concernant les règles d'attraction et de répulsion entre deux charges de signes contraires, ou semblables, est exactement l'inverse de la loi de Newton concernant les masses.

Comme le démontre Jean-Pierre Petit, astrophysicien :

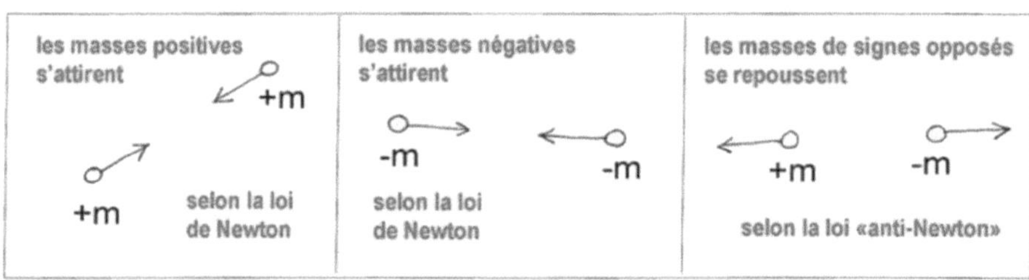

Et c'est le contraire avec les charges électromagnétiques.

Deux charges de signes contraires s'attirent, deux charges de signes semblables se repoussent. J.P Petit en déduit logiquement que la charge pourrait être une masse imaginaire (2). Mais la charge se distingue de la masse en ce sens que **la masse est homogène à une courbure, alors que la charge électrique l'est à une hélicité, soit une torsion sur une courbure *(Lucien Romani)*, (1).**

Quoiqu'il en soit, s'il existe des charges + et – il n'y a strictement rien de surprenant dans l'existence de masses positives et négatives. Chacune d'elle aura sa propre matière et sa propre anti-matière. Masses réelles, masses imaginaires, positives ou négatives...

Le tableau suivant résume les huit cas de figures qui en découlent :

	MASSES IMAGINAIRES (4)	
MASSES RÉELLES (4)	**MATIÈRE** DE MASSE > 0	**ANTIMATIÈRE** DE MASSE > 0
	MATIÈRE DE MASSE < 0	**ANTIMATIÈRE** DE MASSE < 0

N'oublions pas que la grande différence entre la matière inerte et la matière vivante est dans l'organisation, qui est un champ . A la mort une séparation s'opère, le « moteur » de cette organisation se désincarne, on peut penser que la CPT-symétrie joue un rôle crucial à ce moment de changement d'état, mais qui se souci aujourd'hui de la différence fondamentale entre matière inerte et matière vivante ? Certainement pas les manipulateurs de l'ADN, qui en sont aujourd'hui à modifier génétiquement les quatre bases mêmes de l'ADN et de l'ARN, et donc à en faire des corps étrangers pour notre propre système immunitaire (3). Corps étrangers à partir desquels ils élaborent de nouveaux vaccins ! (*On croit rêver !*). Mais si vous vous rappelez les textes sacrés de l'ancienne Égypte, le livre de l'AMDOUAT (4), qui signifie « ce qu'il y a dans la Douat », c'est-à-dire dans le monde souterrain, qu'on appelle aussi « le livre des Demeures Secrètes », important texte religieux funéraire de l'Égypte antique, celui-ci nous conte l'histoire du Dieu Rê parcourant le monde d'en dessous, le monde de la nuit quand le Soleil se couche à l'ouest pour renaître à l'est. Rê prépare le pharaon à un tel voyage après la mort du corps physique qui sera momifié. Ce parcours des douze heures de la nuit est assimilé à la création du monde ou le Soleil va passer par des phases de régénération. Le monde d'en dessous est donc divisé en douze heures de la nuit, chacune comportant des alliés et des ennemis au retour de Pharaon en sa demeure Éternelle. Des centaines de monstres et de divinités y mènent une lutte acharnée, ces dernières aidant Pharaon à vaincre ses ennemis…

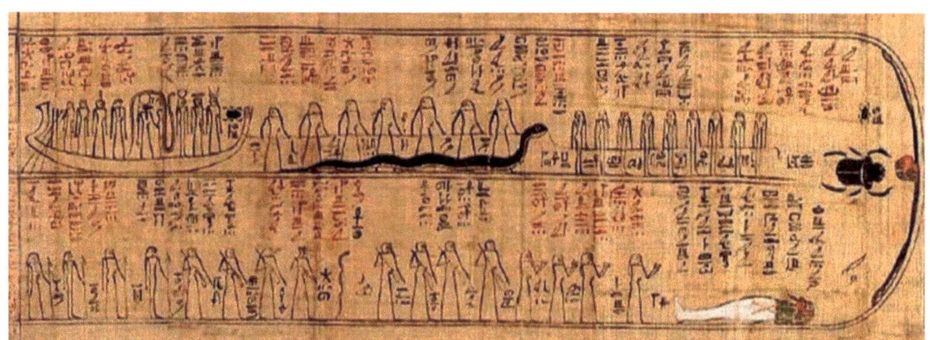

Onzième et Douzième heures © 2004 Musée du Louvre / C. Décamps

Dans « **le livre de la Vie dans l'Au-Delà** », ou « livre des morts des anciens égyptiens » (5), ou « livre de la sortie de l'âme vers la lumière du jour », livre qui contient des extraits de rituels initiatiques qui furent réellement exécutés, Grégoire Kolpaktchy nous rappelle, que le Dieu ATOUM, correspond à l'état du Cosmos avant la « scission », c'est-à-dire, avant la sortie du Soleil, de la Lune (et des planètes) de la Terre originelle (laquelle, d'après la Tradition, englobait le système solaire tout entier). ATOUM ignore donc la mort à laquelle, d'après la théologie égyptienne, sont sujets les autres dieux. En identifiant son corps avec celui d'ATOUM, le défunt proclame sa nature incorruptible. D'après les doctrines égyptiennes, le défunt entrait dans l'Au-delà par la porte de l'Ouest, l'AMENTI. Tant que les Juges n'auront pas statué sur le sort du défunt, il ne peut être maltraité, il est même protégé contre les Forces du Mal. Ensuite il passe vers la DUAT, à l'opposé de l'AMENTI. Cette partie « orientale » du monde inférieur avait une mauvaise réputation, à l'encontre de l'AMENTI qui a mérité l'épithète de « belle ». La psychostasie (le jugement des morts) se situe donc quelque part à la frontière entre l'AMENTI et la DUAT. Les « justifiés » ont le droit de pénétrer, à titre d'observateurs neutres, dans la DUAT (le séjour raconté par Dante en perpétue la tradition), mais ceux qui ont été condamnés à y séjourner perpétuellement y mènent une vie terne et pleine de tourments.

Chapitre CXXV. Vignette illustrant la psychostasie (le jugement après la mort).

Mais revenons aux bizarreries quantiques de la réalité du Cosmos.

C'est le physicien irlandais G.F. FitzGerald (1851-1901) qui émis l'idée que les *objets* se raccourcissaient dans la direction de leur mouvement dans un rapport égal à :

$$\sqrt{[1-(v^2/c^2)]}$$

Ainsi L' (longueur d'un corps en mouvement) égal L (longueur du même corps au repos) que multiplie ce rapport. Ainsi le rayon d'un électron approchant la vitesse de la lumière se raccourcirait jusqu'à disparaître à la vitesse c. On peu calculer qu'un objet voit sa longueur divisée par 2 lorsque sa vitesse atteint $\sqrt{(3/4)}.c$, soit 0,866 la vitesse de la lumière, soit environ 260 000km/s.

A la vitesse c, $\mathbf{L' = L\ \sqrt{(1-(c^2/c^2))} = L\ \sqrt{0} = 0}$, la longueur s'annule. On a cru de fait qu'une vitesse supérieure à c était impossible. Puis l'électron, dont l'existence avait été prédite par G.J. Stoney en 1874, est découvert, en 1897, par J.J. Thomson (12856-1940). H.A. Lorentz (1853-1928) élabore alors sa théorie selon laquelle la masse (M) d'une particule de charge donnée est inversement proportionnelle à son rayon L. Autrement dit, $M \equiv L^{-1,}$ et plus la charge est concentrée dans un petit volume, plus la masse est grande. Et quand le rayon finit par disparaître, à la vitesse de la lumière, c, la masse devient infinie. (M' est la masse en mouvement, M la masse au repos).

$$\mathbf{M' = M\ /\ \sqrt{(1-(c^2/c^2))} = M/0 = \infty}$$

Quant aux particules *sans masse*, tels que les photons, on comprend que sitôt créées elles filent à la vitesse de la lumière, sans période d'accélération préalable, comme le soulignait Isaac Asimov (1920-1992). Ce sont les physiciens O.M. Bilaniuk et E.C.G. Sudarshan, qui ont suggéré d'appeler **LUXONS**, *les* *objets de masse propre nulle se déplaçant à la vitesse de la lumière (lux en latin), et **TARDYONS**, les particules de masse propre positive se déplaçant à des vitesses inférieurs à celle de la lumière. Puis en 1962, ils s'interrogèrent sur les vitesses supérieurs à c. Il est clair que de telles particules auraient une masse imaginaire, Mi.*

Prenons un exemple avec une particule se déplaçant à la vitesse 2c.

$$M' = M / \sqrt{[1-((2c)^2/c^2)]} = M / \sqrt{[1-(4c^2/c^2)]} = M / \sqrt{-3}$$
$$= M / 1,732i = -0,577\ldots Mi$$

D'autres types de calculs, tel celui de la vitesse des ondes de Alfvén, qui sont des ondes magnétohydrodynamique réputées *incompressibles* et transversales, peuvent impliquer une vitesse supérieure à celle de la lumière lorsqu'on la calcule avec les unités de Planck et la charge de l'électron :

$$V_{alfvén} = B / (\mu_o \rho)^{0,5} = 3\ 110\ 161\ 770\ m.s^{-1},$$

soit c, la vitesse de la lumière multipliée par 10,374382969… qui est la racine carrée de 107,627822, valeur de la constante de couplage magnétique (α_{magn}) complémentaire de la constante de structure fine $\alpha_{ém}$, (6).

$$\alpha_{magn} . \alpha_{ém} = (\pi/4)$$

B est l'intensité du champ magnétique, en Tesla.
B = $\pi MT^{-1}Q_é^{-1}$ = 7,9158 .10^{54} (avec $Q_é$ la charge de l'électron).
μ_o (= $4\pi.10^{-7}$ $ML\Omega^{-2}$), est la constante magnétique, ou perméabilité du vide.
ρ (ML^{-3} = 5,155.10^{96}) est la densité de Planck, ou masse volumique.

Si nous prenons la valeur de la charge de Planck à la place de celle de l'électron, nous retrouvons une vitesse inférieure à c.

$Q_é = 1,602\ 176\ 634\ .\ 10^{-19}$

$Q_p = 1,875\ 546\ 044\ .\ 10^{-18} = Q_é\ .\ \sqrt{(\alpha_{ém}^{-1})}$

Dans ce cas :

$$V_{alfvén} = 265\ 684\ 148\ \text{m.s}^{-1} = c.[(\sqrt{\pi})/2]$$

Les particules supraluminiques, seront appelées ***TACHYONS*** *(rapide, en grec) par le physicien américain G. Feinberg (1933-1992), qui œuvra, tout comme Dirac, Pauli, Feynman, Dyson... à la théorie quantique des champs, un des piliers de la description physique de l'Univers.   Toutes les équations de la théorie de la relativité restreinte d'Einstein peuvent être appliquées aux tachyons. « Curieusement », plus elles accélèrent au-delà de la vitesse de la lumière et plus leur énergie diminue, un poil au-dessus de la vitesse c leur énergie est donc maximale, à la vitesse infinie, son énergie devient nulle. (C'est l'inverse pour les tardyons). Donc, quand son énergie augmente, elle ralentit jusqu'à la vitesse c de la lumière **avec une énergie infinie.***
Notre Univers, physique, est donc *doublé d'un Univers métaphysique, imaginaire, composé de masse imaginaire positive ou négative, et chacune de ces deux masses, réelle et imaginaire, peuvent être composée soit de matière (électron-, proton+), soit d'antimatière (électron+, proton-).*

Revenons une dernière fois sur l'équation de Lorentz, bien exploitée par Einstein.
Nous pouvons l'écrire :

$$M' = M\ (1-v^2/c^2)^{-0,5}$$

Cette équation peut être développée en une série de termes comme la démontré Newton, (formule du binôme).

Le nombre de termes du développement est bien sur infini mais en prenant seulement les deux premiers on a une approximation déjà correcte.

Le développement devient ainsi :

$$(1- (v^2/c^2))^{-1/2} = 1 + (\tfrac{1}{2}\ v^2/c^2) + \ldots$$

D'où il découle :

$$M' = M\,[1+(1/2\ v^2\,/c^2)] = M +(\ \tfrac{1}{2}\ Mv^2\,/c^2)$$

Expression dans laquelle nous reconnaissons $\tfrac{1}{2}\ Mv^2$ soit l'énergie d'un corps en mouvement. En notant cette énergie par la lettre e, l'équation devient :

$$M' = M + (e/c^2) \; ; \text{ et donc } M' - M = e/c^2$$

L'augmentation de la masse du au mouvement M'-M, peut se noter m, et nous aurons :

$$\boxed{M = e/c^2 \; ; \text{ et donc } e = mc^2}$$

Avec cette équation, on a pris conscience, pour la première fois, que la masse était réellement une forme d'énergie. La bombe H et la bombe N, en seront une triste illustration.

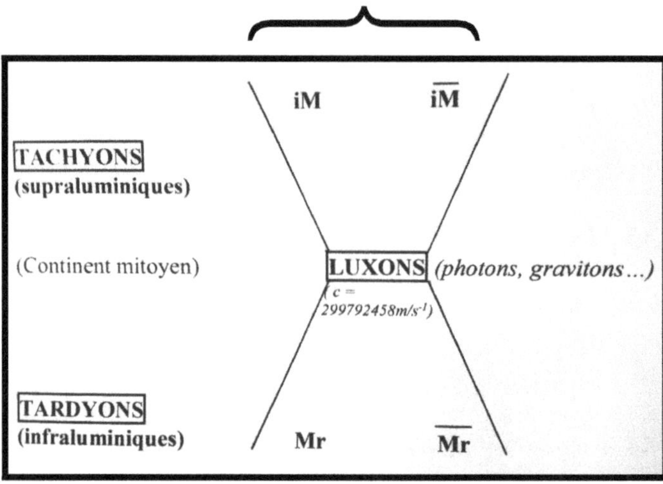

$\overline{\text{Mr}}$ = masse réelle d'antimatière ; $\overline{\text{iM}}$ = masse imaginaire d'antimatière.
Mr = Masse réelle ; iM = Masse imaginaire.

Rappelons nous maintenant cet article de **J.P. Terletski,** publié en 1962, par la Faculté de Physique de l'Université de Moscou et dédié à **Louis Victor de Broglie** (1892-1987) pour son soixante dixième anniversaire. Article de dix pages intitulé : **« Masses propres positives, négatives et imaginaires »**. L'auteur y montre que des particules de masses négatives ou imaginaires peuvent être regardées comme des êtres physiques réels si l'on considère le principe physique de causalité comme une conséquence du second principe de la Thermodynamique et non comme une loi absolue de la Nature, (donc non-statistique). Il montre également que l'enregistrement des particules de masse négative exige des appareils d'un type nouveau dont la partie enregistreuse doit se trouver dans un état de température négative (sous le zéro absolu). Il montre la possibilité de principe d'enregistrer l'existence des particules de masse imaginaire… Affaire à suivre...

Revenons à la théorie de la relativité générale d'Einstein.

Jean-Marie Souriau (1922-2012)   Albert Einstein (1879-1955)

Il suffit d'inclure dans l'équation de champ d'Albert Einstein l'ensemble des objets générés par la symétrie CPT pour se rendre compte que les masses négatives n'ont pas été prisent en compte dans les solutions apportées à cette équation ; tout du moins jusqu'à l'arrivée de Jean Pierre Petit et de son extension bimétrique de l'équation de champ de la relativité générale (7), extension qui tient compte de l'ensemble des « objets » issus de la symétrie CPT et donc du théorème de Jean Marie Souriau *(pour qui la véritable Mathématique est la grammaire de la Nature)* qui nous démontre que l'inversion du temps (symétrie T) inverse les masses, qui deviennent négatives, ainsi que l'énergie. Nous avons donc dans la nature, des masses négatives ayant une énergie négative. Nous ne serions en être surpris sachant que la Nature a su combiner, au sein d'une même particule, (je parle de certains mésons), non seulement un quark avec un antiquark, mais également un quark avec son propre antiquark! Ce qui est le cas du méson Phi. Matière et antimatière, toute deux de masse positive, au sein d'une seule et même particule! Sans s'annihiler spontanément! Il y a donc une *force* qui s'y oppose!

La symétrie CPT s'applique aux quatre dimensions de l'espace-temps (symétrie P et T) et à une *5ème dimension* représentative des charges quantiques, tel que la charge électrique q *(ou à sa densité, qL^{-3})*, (symétrie C). Jean-Pierre Petit est l'un des rares astrophysicien à s'être posé la question de la nature de la charge. Dans l'un de ces livres, dédié à Andreï Sakharov : « On a perdu la moitié de l'Univers » (2), page 177, Jean-Pierre Petit n'hésite pas à écrire que la charge serait peut-être une masse imaginaire, mais nous pouvons démontrer également que la charge serait un nombre : $q = IT$, avec $I \equiv T^{-1}$. Mais ce nombre est-il réel ou imaginaire ?

Les physiciens considèrent la charge comme un aspect de la masse. Et l'électron, tout comme le proton, ont une masse inertielle, la charge est forcément d'une « nature » différente.

Pour Lucien Romani, la charge est un invariant absolu et un nombre ne dépend pas de l'observateur, quelle que soit la vitesse de celui-ci.

J.P Petit suppose l'existence d'une 4ème symétrie, la symétrie I (I comme identité). Il y aurai donc, au moins, quatre types de symétrie, C, P, T et I :

La SYMÉTRIE I, (I comme identité).

La SYMÉTRIE C, (conjugaison de charge), liée à l'inversion des charges quantiques, (5ème dimension de **Kaluza**), telle que la charge électromagnétique. (Cependant elle n'inverse pas le spin). C'est le passage de la matière (électron de charge négative, proton de charge positive), à l'antimatière (électron de charge positive, proton de charge négative). Le terme d'antimatière est trompeur car dans les deux cas nous avons toujours à faire à de la matière, positive. Comme le démontre la théorie des groupes, une telle symétrie existe également dans un univers de masses négatives. (La ζ-symétrie de Jean-Pierre Petit est la traduction en géométrie symplectique de la C-symétrie).

La SYMÉTRIE P, (P comme parité), c'est le retournement de l'espace à trois dimensions. Retournez un gant droit, vous ne pourrez y glisser que votre main gauche. Un tel espace est dit énantiomorphe (en miroir), par rapport au notre. L'intérieur devient l'extérieur, et inversement…

La SYMÉTRIE T, (T comme temporelle). C'est le renversement du temps, *comme si le temps s'écoulait à l'envers.* **Andreï Sakharov**, dès 1967, avait envisagé l'existence d'un tel univers jumeau possédant une flèche du temps opposé, ainsi qu'une CP-Symétrie. Comme l'écrit J.P Petit : *« Mentalement, c'est impensable. Notre cerveau ne semble pas équipé pour gérer de telles configurations. Mais la machinerie mathématique s'en accommode fort bien. (In : On a perdu la moitié de l'univers, p.172)».* Les développements prodigieux de cette « machinerie mathématique », depuis l'équation de champs d'**Albert Einstein**, depuis que les mathématiciens s'en sont emparés pour tenter de la résoudre jusqu'à nos jours, jusqu'aux travaux de recherches de **Nathalie Debergh, G. D'Agostini, J.P Petit**… ont générés depuis quelques décennies un certain nombre de découvertes quelque peu inattendues, laissons la parole à J.P Petit :

« Si notre univers, de masses positives, est en expansion accélérée, son corollaire de masses négatives est en décélération, (ainsi l'effet d' « énergie noire » est-il remplacé par celui de l'action dominante de cet univers de masse négative sur le nôtre, cette action du second univers propulse le nôtre en avant remplaçant ainsi le rôle de la constante cosmologique

*d'Einstein, (Λ), interprétée comme le pouvoir répulsif du vide)
.../... »*

Selon les calculs, cet univers de masse négative serait resté plus chaud et ne formerait ni étoiles ni galaxies, il ne contiendrait que des sortes d'immenses proto-étoiles d'une température avoisinant les 2000°. Si on pouvait un jour risquer un œil à l'intérieur, on n'y verrait que des masses grossièrement stéroïdales, rayonnant dans le rouge et l'infra-rouge tous les cent millions d'années-lumière environ. Cet univers ne contiendrait donc pas, à priori, d'êtres vivants, le biologique en serait « absent ». Les distances, (facteurs d'échelle), y seraient 100 fois plus courtes, la vitesse de la lumière y est multipliée par 10, l'unité de temps est donc 1000 fois plus courte ».

Nous pouvons en déduire que les unités de Planck, dans cet univers jumeau, pourraient y être les suivantes :

L_p (longueur de Planck) = -1,616… .10^{-37}
M_p (masse de Planck, négative) = -2,176… .10^{-8}
T_p (temps de Planck) = -5,39… .10^{-47}

Donc une valeur de c = $-1,616.10^{-37}/-5,39.10^{-47}$ = +2 997 924 580 m.s^{-1} (que nous appellerons c'). c' = 10 c
Et une constante G' égale à + 6,673… .10^{-13}

L'ÉQUATION de CHAMP d'Albert EINSTEIN.

La première équation de champ d'Albert Einstein se présente ainsi, nous somme en 1915 et Einstein n'a pas encore inclus sa constante cosmologique. Cette équation relie la courbure de l'espace-temps (terme de gauche), à son contenu en matière-énergie, (terme de droite) :

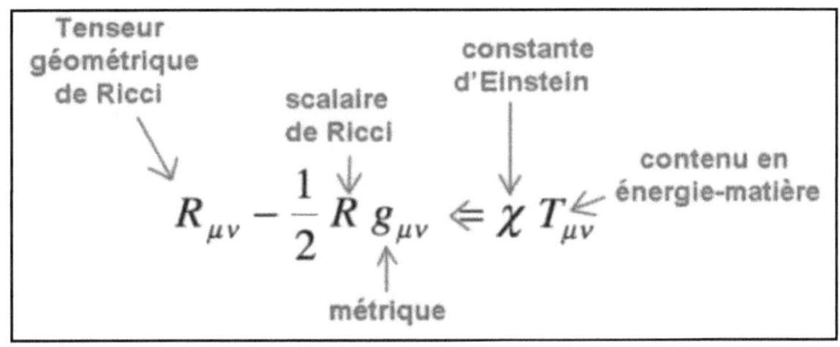

$G_{\mu\nu}$, le tenseur d'Einstein (que l'on peut représenter sous forme de matrice carrée, de quatre lignes et de quatre colonnes, comme autant de coordonnées de notre espace-temps), est égal au terme de gauche, la courbure de l'espace-temps. Le tenseur d'Einstein $G_{\mu\nu}$, est lié au tenseur de Ricci $R_{\mu\nu}$ et au tenseur métrique $g_{\mu\nu}$ par la relation :

$$G_{\mu\nu} = R_{\mu\nu} - \tfrac{1}{2} R g_{\mu\nu} ,$$

ou R est la courbure scalaire de l'espace-temps, autrement dit la trace du tenseur de Ricci par rapport à la métrique. Le tenseur de Ricci dépend bien sur de la métrique puisqu'il est lié à la courbure de l'espace-temps par rapport à « quelque chose » ! Et ce quelque chose serait tout simplement l'espace plat euclidien. Par ailleurs :

$$G_{\mu\nu} = \chi . T_{\mu\nu} = [(8\pi.G)/c^4] . T_{\mu\nu}$$

G est la constante de gravitation de Newton, **c** *la vitesse de la lumière,* $T_{\mu\nu}$ *est le tenseur énergie-impulsion qui décrit la distribution de matière et d'énergie dans l'espace-temps.*

Puis en 1917, pour se conforter à l'idée ambiante qui veut que l'univers soit statique, Einstein rajoute sa fameuse constante cosmologique car lui-même ne peut se faire à l'idée que

l'Univers, comme le sous-entend pourtant sa propre équation, puisse être en expansion ou en contraction.
Voici cette nouvelle équation de champ :

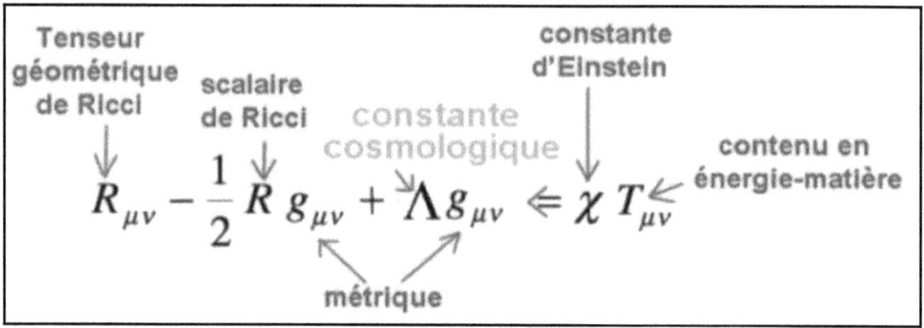

$$R_{\mu\nu} - \frac{1}{2} R\, g_{\mu\nu} + \Lambda g_{\mu\nu} \Leftarrow \chi\, T_{\mu\nu}$$

Que nous pouvons représenter différemment en faisant glisser à droite la fameuse constante en question :

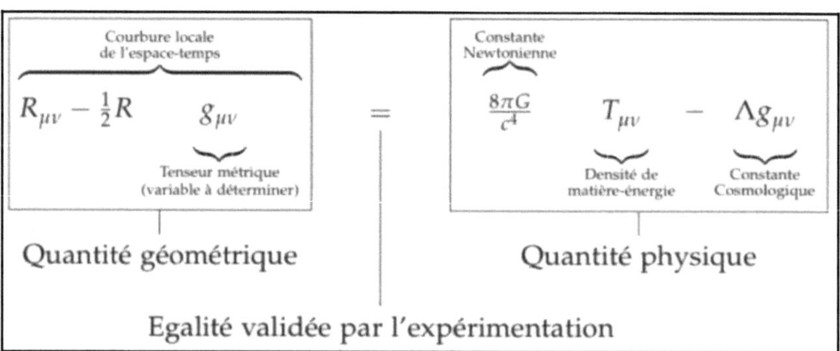

(Le produit dimensionnel de $\chi.T_{\mu\nu}$ est identique à celui de Λ, soit L^{-2}).

Le tenseur de Ricci s'obtient à partir du tenseur de courbure de **Riemann** (1826-1866), il exprime la courbure de l'espace-temps et donc sa déformation par le champ de gravitation.

La constante d'Einstein, **χ**, (extension de la constante G de Newton),

$= 8\pi G/c^4 = 2,0765.10^{-43}\ (kg^{-1}.m^{-1}.s^2)$.

Nous reconnaissons dans ce produit dimensionnel l'inverse d'une accélération $(m^1.s^{-2})$.

$T_{\mu v}$ est le tenseur énergie-impulsion et représente la répartition de masse et d'énergie. Il a le produit dimensionnel d'une pression, **kg.m^{-1}.s^{-2}**, soit une **force F par unité de surface, (Kg.m^1.s^{-2} / m²),** la force étant elle-même une **énergie par unité de longueur.** Leur produit : $\chi.T_{\mu v} = m^{-2}$ est homogène à celui de la constante cosmologique d'Einstein, Λ (L^{-2}).

La grande inconnue dans cette équation est la métrique, **(g$_{\mu v}$).** Métrique qui permet ensuite de définir les géodésiques de l'espace-temps, infiniment variées dans l'univers, et sans la connaissance desquelles nous ne pouvons voyager ou nous orienter convenablement dans l'espace. Ainsi les sondes Pionner 10 et Pionner 11 (lancées respectivement le 2 mars 1972 et le 5 avril 1973), ont-elles surpris tout le monde lorsqu'arrivées « aux confins de notre système solaire » et bien qu'elles soient à l'opposé l'une de l'autre, elles se sont misent à ralentir, comme attirées par une force inconnue vers le Soleil. Les données transmises par ces sondes indiquent en effet une erreur radiale apparente et constante entre les effets Doppler prévus et réels. Ce sont ces sondes qui, si vous vous en rappelez, ont emmenées avec elles, suite aux efforts intensifs et conjugués de **Carl Sagan** et **Frank Drake**, ce message graphique destiné à d'éventuels extraterrestres, message gravé sur une plaque d'aluminium recouverte d'une pellicule d'or de dimension 229/152mm. Elle avait pour but de leur indiquer le lieu de notre origine, la position de la Terre et du Soleil par rapport au centre galactique. Un homme et une femme y sont représentés pour leur montrer notre aspect, l'homme lève la main en signe de paix ou de bienvenue… (ça me rappelle le film *Starman*, de **John**

Carpenter, sorti en 1984, à voir absolument). Diverses informations scientifiques y sont gravées pour une éventuelle civilisation suffisamment avancée, le Soleil et son cortège de planètes y sont représentés ainsi que la trajectoire suivie par la sonde… Trajectoire qui, au final, se révélera être légèrement différente de celle prévue…

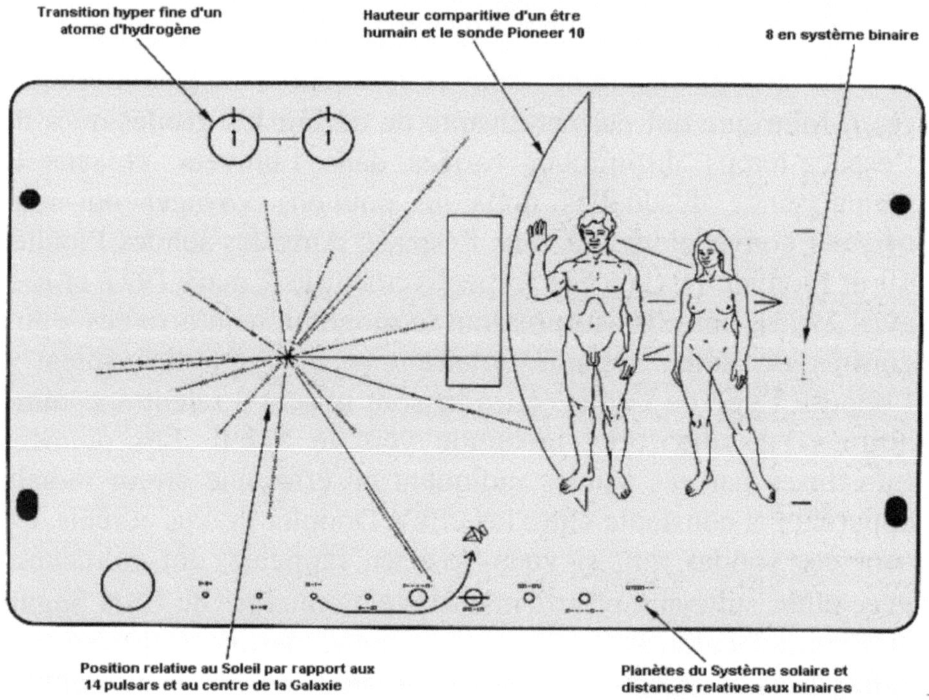

Mais revenons à Einstein, de nombreuses solutions à son équation de champ ont été apportées par une flopée de mathématiciens ; dans l'encadré suivant, vous trouverez les principales d'entre elles, mais il en existe probablement d'autres, c'est une équation extrêmement difficile à résoudre (non linéaire) ; d'autre part, cette équation décrit la relation entre courbure et matière-énergie de façon locale. Elle ne décrit pas d'un seul coup « tout l'Univers », mais seulement une région localisée, particulière, spécifique à la présence ou non de tel ou tel type d' «objet », donc de masses, mais aussi d'énergie et de pression. Il n'est peut-être pas impossible qu'avec certains outils mathématiques, une solution globale, embrassant tout l'univers, puisse un jour apparaître. Tous les éléments de l'équation sont donc déterminés sauf le tenseur métrique, qui est donc la variable principale de l'équation. La résoudre consiste donc à identifier un tenseur métrique adapté à l'état et à la nature de l'objet en question *(étoile, nuage stellaire, pulsar... Univers ?),* sans négliger l'existence et les effets d'éventuelles masses négatives ou imaginaires. En 1915, l'astrophysicien et astronome allemand **Karl Schwarzschild** (1873-1916), décrit la première solution exacte des équations d'Einstein, cette solution fait apparaître une singularité que l'on nomme le rayon de Schwarzschild. Il en publie une seconde peu de temps avant sa mort sur le front russe. Les deux sont calculées sur la base de nombres (coordonnées) réelles, la première pour l'extérieur du rayon de Schwarzschild, la seconde, en deçà de se rayon. De nombreuses métriques ne recouvre qu'une partie de la géométrie de l'espace-temps de Schwarzschild, mais en 1960, Martin D. Kruskal (1925-2006) et George Szekeres (1911-2005) construisent une métrique permettant d'étudier tout mouvement d'un corps à l'extérieur ou à l'intérieur du rayon de Schwarzschild. Les coordonnées de **Kruskal-Szekeres** sont le prolongement analytique maximal de la métrique de Schwarzschild et lui apportent des solutions supplémentaires avec les nombres imaginaires. Le rayon de Schwarzschild $(\mathbf{R_s})$ est le rayon d'une sphère où le champ de gravitation est suffisamment intense pour qu'il soit nécessaire de dépasser la vitesse de la lumière pour le quitter, c'est donc l'horizon des évènements.

$R_s = 2GM/c^2$

Avec G = constante de la gravitation, c la vitesse de la lumière et M la masse de l'objet. Pour notre Soleil, ce rayon est de 2, 954 km. Précisons cependant, que d'autres calculs, implique que **$R_s = 4GM/c^2$**, (8).

Les principales métriques sont les suivantes :

○ la **métrique de Minkowski** qui décrit un espace-temps vide de matière et d'énergie dénuée d'influence gravitationnelle ; elle implique donc un tenseur énergie-impulsion nul, soit Tμν = 0. C'est l'espace-temps de la relativité restreinte.

○ la **métrique de Schwarzschild** qui décrit l'espace-temps autour d'une distribution sphérique de masse-énergie statique ; par exemple une étoile ou un trou noir

○ la **métrique de Kerr** qui décrit l'espace-temps autour d'un trou noir en rotation non chargé (absence de champ magnétique)

○ la **métrique de Kerr-Newman** qui décrit l'espace-temps autour d'un trou noir en rotation chargé (présence de champ magnétique)

○ la **métrique de Reissner-Nordström** qui décrit l'espace-temps autour d'un trou noir statique chargé

○ la **métrique FLRW** (Friedmann-Lemaître-Robertson-Walker) qui décrit un espace-temps homogène et isotrope en expansion (c'est la métrique utilisée dans le modèle cosmologique standard Λ-CDM)

Mais toutes ces métriques n'incluent nullement l'existence de masses négatives que justifient les symétries T, PT, ou CPT. En 2011, cependant, un prix Nobel était accordé à **Saul Pelmutter, Adam Riess et Brian Schmidt**, pour la découverte, en 1998, de l'accélération de l'expansion de l'Univers, nom donné à ce phénomène qui voit la vitesse de fuite des galaxies par rapport à notre Voie lactée augmenter au cours du temps. Au-delà d'une certaine distance cette vitesse de fuite pourrait être supérieure à celle de la lumière. Mais l'Univers est-il réductible à ses apparences ? Et notre interprétation du Redshift observé *(décalage vers le rouge)* est-elle bien correcte ? Rappelons-nous ce qu'écrivait R.A. Schaller de Lubicz :

« Le jeu énergétique de l'atome, aujourd'hui, devrait nous montrer le chemin. Quelle puissance mécanique doit développer une mouche pour s'envoler droit en un dixième de seconde, s'il s'agit vraiment d'une puissance mécanique ? Comment le faucon, l'épervier, le martin-pêcheur foncent-ils à des vitesses qui dépassent les données de la gravitation et de l'accélération, et ceci sans aucun point d'appui pour s'élancer ? ».

Cette accélération pourrait s'expliquer par la présence d'une masse-énergie inconnue, entre les galaxies, dotée d'une pression négative, bref, un « nouvel éther », d'ou la constante cosmologique introduite par Albert Einstein, de dimensions L^{-2}. Les symétries PT et CPT impliquant une antimatière de masse négative, la question est de savoir comment celle-ci pourrait « interagir » sur notre matière positive, (par l'intermédiaire, par exemple, du champ de gravitation). Un premier modèle cosmologique bi-métrique à vu le jour avec **Andreï Sakharov** en 1967, ces études seront enfin traduites et publiées en français en 1984. Sakharov imagine et émet l'hypothèse, à partir d'une singularité gravitationnelle initiale, de la partition de l'Univers fondamental en deux Univers parallèle appelés « feuillets », et donc de l'existence d'un deuxième Univers parallèle, ou « jumeau », qui serait en symétrie CPT par rapport au notre et où l'antimatière prédominerait de manière symétrique sur la matière. Courant 1977, **Jean-Pierre Petit** publie ses premiers articles dans les *Comptes Rendus de l'Académie des Sciences (Vol. 263 & 284),* articles intitulés :

- « Univers jumeaux, énantiomorphes, à temps propre opposés ».
Et :
- « Univers en interaction avec leurs images dans le miroir du temps ».

Peu à peu, il développera une seconde équation de champs, introduisant les masses négatives. Dans la 16ème vidéo de son modèle Janus (sur YouTube), intitulée : « Pourquoi l'expansion cosmique accélère », J.P Petit nous rappelle également tout le travail précurseur accompli par Sakharov. L'équation d'Einstein repose sur l'idée que l'Univers est une hypersurface dont les géodésiques servent de pistes empruntées par toutes les particules qu'elles soient ou non dotées d'une masse. En 1957, le physicien H. Bondi démontrera que sur une même face de cette hypersurface, les masses positives et négatives ne peuvent cohabiter (effet Runaway). L'idée qui permit à J.P Petit de démontrer l'existence de masses négatives s'attirant entre elles, et repoussant les masses positives, repose sur la même géométrie. Ces deux équations de champs sont la matérialisation de l'idée selon laquelle cette hypersurface possède tout simplement un endroit et un envers, chacune de ces deux faces a donc ses propres géodésiques. Du coup, exit l'effet Runaway ! Mais tout comme les physiciens ont eu du mal à accepter l'idée que l'antimatière puisse exister, à l'époque de Dirac, il y a fort à parier qu'ils auront encore bien du mal à accepter l'idée de la réalité des masses négatives. *(En fait, tout le système académique actuel semble avoir décidé d'occulter l'existence des masses négatives car, qui dit masses négatives, dit anti-gravité, et qui dit anti-gravité, dit transport possible de blocs de pierres de plusieurs dizaines ou centaines de tonnes, qui dit anti-gravité dit OVNI ! Il est clair que malgré l'existence de dizaines de milliers de témoins depuis l'après-guerre, ces gens-là ont pris peur et bien compris que c'est toute leur « crédibilité » qui risquait d'être remise en question.)* Il n'en reste pas moins que l'introduction dans notre Univers de masses et d'énergies négatives, probablement par l'intermédiaire de la gravitation, fut possiblement un acte sciemment pensé et délibéré, et ce, il y a déjà plusieurs dizaines de milliers d'années. Que ces énergies négatives soient à l'origine des maladies dites cosmiques, telles que le cancer, les scléroses en plaques, le SIDA, et toutes les maladies dites dégénératives ou génétiques, par ailleurs, n'est pas impossible, (9).

En 2014, dans un article publié dans *ASTROPHYSICS AND SPACE SCIENCE* et intitulé : **« *Négative mass hypothésis and the nature of dark energy* », Jean-Pierre PETIT,** en compagnie de **Gilles d'AGOSTINI,** pose les bases de son « modèle Janus » qui représente une extension à deux métriques de la Relativité Générale qui se retrouve ainsi gérée par deux équations de Champ.

Cet article est d'ailleurs repris dans l'un de ses livres : « Ovni, l'Extraordinaire Découverte ». Ces deux équations font que le fameux phénomène *« runaway »,* qui interdisait la présence de masses négatives dans l'Univers, disparaît ; J.P Petit démontre également que la théorie quantique des champs peut-être étendue au domaine des énergies négatives, une solution instationnaire est construite, les solutions exactes (exemptes de paramètres libres) montrent que l'Univers des masses positives obéit à une solution trouvée par l'Anglais **William BONNOR (1920-2015),** alors que la population des masses négatives subit un ralentissement et obéit à une équation d'Alexandre **FRIEDMANN** (1888-1925) dont le nom reste associé à ceux de Lemaître, Robertson et Walker dans la métrique FLRW, ses articles datent de 1922 et 1924 et furent suivis de près par celui de Georges Lemaître, en 1927, ce dernier prédisant la loi de Hubble avant même qu'elle ne soit découverte en 1929.

Le principe d'antagonisme et la logique de l'énergie de Stéphane Lupasco, démontre la possibilité de l'existence d'un Univers macro-biologique statistiquement constitué d'anti-matière ; et si, écrit-il : *« l'hypothèse du troisième Univers, l'Univers psychique, s'avérait non seulement possible mais réelle, alors il serait, entre les deux autres Univers, celui de la Divinité elle-même, qui les étreint et les commande, dans leur triple devenir arborescent et transfini n'arrêtant pas de créer… ce drame étrange et fabuleux. » (10).*

Nous retrouvons dans la bible, (livre d'Abraham), mention d'une étoile désignée sous le nom de Kolob et proche du trône de Dieu.

- Abr. 3 verset 3 : *« Le Seigneur me dit : ce sont les étoiles qui gouvernent, et le nom de la grande est Kolob, parce qu'elle est proche de moi, car je suis le Seigneur ton Dieu : j'ai établi celle-là, pour gouverner toutes celles qui appartiennent au même ordre que celle sur laquelle tu te tiens. »* Le temps sur Kolob est égal à mille ans sur la Terre.

Nous retrouvons également dans la Cabale mention d'une planète qui s'appelle Arqâ. Dans le livre de Jérémie, chapitre 10 verset 11, écrit en araméen, nous pouvons lire : *« Les Élohim qui n'ont point fait le Ciel ni Arqâ, seront exterminés de Area ».* En araméen la Terre se nomme **Area**. Arqâ est donc bien un lieu différent. Un autre livre, le Sepher Ha Zohar (livre de la splendeur), troisième livre saint du Judaïsme, nous parle d'Arqâ comme étant la septième dimension de la Terre. Caïn, ce « dieu en exil », fut, toujours d'après le Zohar, transporté sur Arqâ. Il est dit en Zohar I, 9b : *« Après avoir été chassé de la Terre, Caïn descendit à Arqâ, où il engendra des enfants. Caïn se trouva soudainement sur Arqâ sans savoir par qui il y avait été* *transporté ».* Si tout cela peut nous sembler comme étant de la science-fiction, il n'en reste pas moins que ces écrits sont non seulement très anciens, mais considérés comme sacrés. A l'instar du livre d'Abraham, nous trouvons quelques précisions sur cet étrange objet astronomique qu'est la planète Arqâ :

- *« Arqâ est formée de deux parties, dont l'une est constamment inondée de lumière, et l'autre toujours plongée dans les ténèbres. Il y a là deux chefs, dont l'un règne sur la partie éclairée, et l'autre sur la partie privée de lumière. Ces deux chefs étaient constamment en guerre l'un contre l'autre. Vue de l'Arqâ, la disposition des constellations est différente de celle que nous apercevons de notre Terre. Les saisons des semailles et des récoltes y sont également différentes des nôtres. Elles ne s'y renouvellent qu'au bout d'un nombre considérable d'années et de siècles. »* Comme l'écrit Étienne Guillé, dans l'Énergie des Pyramides et l'Homme (11), Area et Arqâ sont deux mots chaldaïques très proches, nous savons que Arqâ est la terre mythique où Caïn se serait retiré après la mort symbolique d'Hêvel, et : *« Les différences sont si grandes sur cette Terre que les habitants d'Arqâ ont deux têtes chacun ».* (Zohar « Hadasch », fol. 13. Col. 4 Ed. de Venise, 1981) ; et de nous préciser que si Area est le lieu d'expression des Esprits du monde Cosmoétrique, Arqâ est bien celui du Double des êtres Cosmoétriques.

Je clôturerai ce chapitre par une longue citation de **Stéphane Lupasco,** extrait de *« l'Univers Psychique, page 229 »* :

« Dans mon livre Les Trois Matières, publié en 1960, je considérais qu'étant donné l'existence, dans notre univers galactique, de trois types de matière-énergie, dont l'une, la matière macrophysique est largement dominante, l'autre, la matière biologique minoritaire, mais pouvant exister dans bien d'autres galaxies que la nôtre, enfin, la matière nucléaire se

rapprochant de la matière neuropsychique, plus minoritaire encore, bien qu'à la source de toute chose dans le noyau atomique, je considérais que l'on pouvait émettre l'hypothèse de trois types d'univers. Le nôtre, soumis à l'homogénéisation de l'entropie positive, univers macrophysique ; un autre, biologique, qui serait l'anti-univers, que l'on suppose déjà, inversement constitué, puisqu'à base de protons négatifs et d'électrons positifs ; enfin un troisième, qui aurait les propriétés que nous venons de voir du système énergétique et dialectique neuropsychique, l'univers psychique. A l'appui de cette hypothèse, je citais celles de deux astrophysiciens russes : Ambatzoumian et Blokhintzef. Partant de la célèbre hypothèse de Le Maître, basée sur l'une des solutions de l'équation cosmologique de la Relativité Généralisée d'Einstein, selon laquelle un atome primitif d'une énorme énergie potentielle aurait éclaté et donné naissance à notre univers, dont l'expansion continue encore, Ambatzoumian suppose qu'une proto-étoile, sorte de corps primitif d'une grande concentration d'énergie potentielle, se serait divisée en deux parties approximativement égales. Mais Blokhintzef y ajoute sa propre hypothèse, selon laquelle, dans un système à deux nucléons antagonistes et contradictoires d'une considérable énergie, leur choc aurait engendré des corps dont les dimensions seraient de l'ordre de la galaxie. Or, ces chocs produiraient deux gerbes de particules dans deux directions opposées. Et dès lors, dans une gerbe il peut y avoir moins d'antinucléons, dans l'autre, plus. Donc, poursuit-il, d'un côté nous aurons un monde ; de l'autre, un anti-monde. On peut dire aussi qu'une gerbe brûlera en produisant un monde ; l'autre, un anti-monde. Trois mondes seraient ainsi possibles, à partir d'un antagonisme contradictoire fondamental de l'énergie, deux mondes inversement constitués de particules positives et négatives, d'orientations divergentes, et un monde d'égalité des particules contradictoires, à développement convergent.

Ces trois mondes, selon les déductions algébriques de ma logique formelle de l'énergie, sont en effet dans une expansion respective à la fois transfinie (dans le sens étymologique du terme) et arborescente. Et c'est ce que l'on constate, dans notre univers sidéral, sur le plan de la matière-énergie macrophysique, sur notre planète, en plus de celui de la matière-énergie biologique et, nous venons de le voir au cours de ce livre, dans celui de la matière-énergie neuropsychique.

…/… Dans ces trois systématisations dialectiques dont nous faisons l'expérience et que nous expérimentons scientifiquement, la systématisation dialectique neuropsychique, préfigurant un troisième univers possible par-delà le nôtre, est centrale, entre les deux autres systématisations dialectiques, engendrant le contrôle de ces deux dernières, par la conscience de la conscience, la connaissance de la connaissance, et comme une lucidité progressive d'une omniscience et d'une omnipotence en laborieux et perpétuel devenir. Elle est faite des complémentarités contradictoires, dans leur plus grande densité énergétique, des deux dialectiques systématisantes, inverses et divergentes, macrophysique et biologique, évoluant asymptotiquement vers un pôle de non-contradiction, par l'homogénéisation de la matière dite inanimée ou l'hétérogénéisation de la matière dite vivante, de la vie, et par là même vers l'extinction de l'énergie elle-même, de toute chose, de toute existence. Alors que la systématisation dialectique neuropsychique se développe vers une contradiction et un antagonisme croissants, ce qui lui permet, d'une part, de repousser les deux autres dans une semi-actualisation et une semi-potentialisation ou logique dialectique T que nous avons

souvent exposée et illustrée, et, d'autre part, et par là même, d'élaborer la connaissance de la connaissance et les pouvoirs du contrôle, et comme une maîtrise des actualisations et potentialisations des deux autres, dont d'ailleurs elle dépend, qui la constituent et dont la richesse évolutive entraîne la sienne propre.

On voit qu'il est tentant, à partir de toutes ces considérations, d'extrapoler dans le domaine de la pensée religieuse et d'imaginer ce troisième univers psychique comme quelque systémisation énergétique, je ne dis pas de Dieu, mais de la Divinité ; car Dieu y apparaît comme non contradictoire et contradictoire à la fois, Un et Multiple, homogène et hétérogène, subconsciences et consciences divergentes et antagonistes, et consciences de la conscience. Le monothéisme et le polythéisme s'expliqueraient ainsi, selon que les socialités religieuses inclineraient, naturellement à leur insu, vers l'homogénéisation et la lumière, la paix et la mort photoniques, ou vers l'hétérogénéisation biologique, c'est-à-dire la vie, et par la même dans la prolifération indéfinie et monstrueuse d'une diversification consommant toute réserve d'énergie jusqu'à son épuisement. Nous savons que ces deux perspectives ne sont qu'asymptotiquement possibles, la mort au sein de l'énergie étant impossible, puisque, comme je l'écrivais encore dans mon livre : Les Trois Matières : « la contradiction est la sauvegarde de l'Éternité. »

II

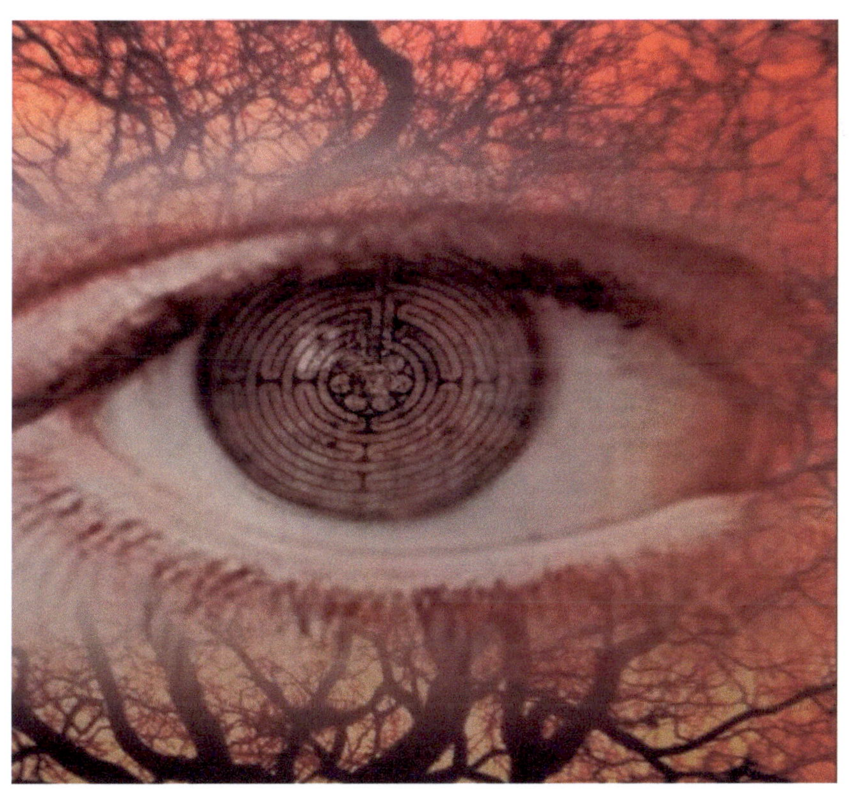

Comment un espace fini peut-il contenir de l'infini ?
La réponse est des plus étonnantes : c'est possible parce que
l'attracteur étrange a une dimension fractale...
Trinh Xuan Thuan.

L'idée que l'homme serait essentiellement un animal social me parait
la plus inadmissible ; il y a trop d'apparente évidence dans cette idée
pour qu'elle ne soit pas une sombre machination, voire une
impitoyable machinerie dont le destin serait de broyer le mien. Dans
le jeu du monde, la place de l'individu est celle du premier rebelle ;
c'est que nous sommes aussi la fatalité du monde. L'engeance sociale,
pas moins, pas plus qu'une autre, ne peut prétendre à une définition
de l'individu – qui d'ailleurs n'en demande pas tant. Ce que je
reconnais en l'Autre, ce n'est nullement le réductible à moi, mais le
possible de toute beauté, l'insolence de toute vitalité. Moi ? L'autre ?
Il est permis de douter ; ce doute fonde peut-être « ma » socialité.
Royaume des doubles énigmatiques, doublement énigmatiques d'être
à l'infini si dissemblables.
Pierre Vandrepote

Avec l'œil de l'esprit, je vois maintenant deux pyramides. L'une est
visible, l'autre est invisible, inversée, imaginaire peut-être ; mais elle
forme la contrepartie spirituelle nécessaire de celle qui surgit des
sables du Jardin. C'est cela que les anciens Initiés Égyptiens ont
voulu représenter. Et c'est la pyramide invisible, physiquement
inexistante qui est la plus importante. Et personne ne la devine. Les
voyageurs passent devant elle en négligeant les mobiles d'amour
universel qui l'ont fait construire, et le Sphinx énigmatique les
regarde en pensant : du moment que l'homme ne se voit pas lui-même
et ne songe pas qu'il est esprit avant d'être âme et corps, comment
pourrait-il comprendre la pyramide ?
Louis Colombelle.
(Une promenade au jardin des nombres. Éditions Miexon.)

Yung disait que la névrose est le prix à payer pour changer de niveau de conscience. H. Reeves nous en donne une explication thermodynamique : « Dans l'univers, chaque fois qu'un nouveau niveau d'organisation apparaît, les photons transportent avec eux l'entropie à payer pour cette phase d'organisation. » .../... Dans le monde actuel, une telle évolution pose des problèmes apparemment insolubles : notre éducation, notre culture et l'influence nocive des médias, font de chacun de nous un être assisté, se refusant à faire des efforts et comme définitivement amoindri par un système de normes qu'il a lâchement contribué à développer. Au prix de quels reniements et de quelles souffrances saura-t-il créer le chaos en ses structures mentales pour élaborer progressivement un nouveau mode d'organisation lui permettant de se servir des nouvelles énergies cosmiques ?
Étienne Guillé.
(*L'Énergie des Pyramides et l'homme. Éditions L'Originel, 1989.*)

Je soutiens l'hypothèse cosmologique selon laquelle le développement de l'univers se répète un nombre infini de fois sur les pages « suivantes » ou « précédentes » du livre de l'Univers.
Andreï Sakharov

Quelles questions pouvons-nous encore poser sans déclencher les foudres des tenants de dogmes scientifiques et religieux ?
Le chemin est étroit, mais, à la lecture des textes hiéroglyphiques et parce que les religions, les mystiques et les sciences contemporaines ont échoué à résoudre les problèmes fondamentaux de la vie ou ont sombré dans le sectarisme donnant naissance aux heures les plus noires de l'histoire de l'humanité, n'est-il pas nécessaire de reformuler nos questions sous une lumière nouvelle, avec un nouveau langage... pour une nouvelle manière d'être ?
Jérôme Lacoste.

Conception géométrique de la vitesse de la « lumière » dans l'Égypte antique.

*C'est dans une vidéo diffusée sur YouTube, mais également par Arte, « **La révélations des pyramides** » (d'après l'œuvre de Jacques Grimault, le film étant de Patrice Pooyard) que le parallèle entre la vitesse de la lumière et le carré de base de la grande pyramide nous est révélé.*

Pour établir ce parallèle, il nous faut connaître la valeur de la coudée royale égyptienne et les dimensions de la grande pyramide.

La théorie du mètre égyptien définie la valeur de la coudée royale à partir des nombres Pi (π) et Phi (φ) qui sont des rapports géométriques et donc des invariants cosmiques, aussi bien dans un espace euclidien que non euclidien.

$$\pi - \varphi^2 = 3{,}141592654 - 2{,}618033988 = 0{,}523558666... \ m.$$

Nombre très proche de $\pi/6$ ou $\varphi^2/5$.

Les dimensions de la grande pyramide sont établies comme suit (nous ne pouvons pas, cependant, à quelques centimètres près, connaître ses valeurs avec une précision absolue, étant donnés l'érosion, l'éventuelle dilatation de la pierre, les tremblements de terre... sauf à lire dans la grande pyramide elle-même l'éventuel message qu'elle aurait pu nous léguer à ce propos). Cependant, l'astronome Piazzi-Smith, en tenant compte du revêtement en partie disparu de la pyramide de Khéops lui restitue les dimensions originelles suivantes :

Hauteur : 148,208 mètres (soit 283,078 coudées).
Base : 232,805 mètres (soit 444,6588 coudées).

En divisant le double de la base (demi périmètre) par la hauteur, nous obtenons pratiquement le nombre π.

2 . 232,805/148,208 = 465,61/148,208 = 3,141598294…

Et la hauteur divisée par une demi-base approche la racine carrée du nombre d'Or.

148,208 / 116,4025 = 1,273237…
√φ = 1,272019…

La hauteur de l'apothème divisée par une demi-base = φ, le nombre d'Or.

Et la hauteur au carré = la surface de l'une des quatre faces triangulaires
de la pyramide.

Précisons néanmoins, que la valeur de la théorie du mètre égyptien à d'autres concurrents :
$\pi / 6 = 0{,}523598776… \ m$, *et*
$\Phi^2 / 5 = 0{,}523606798… \ m$

Périmètre de la base carrée:1760 coudées = 921, 4632514m
½ périmètre : 880 coudées = 460,7316257m
Coté de la base : 440 coudées = 230,3658129m
½ coté de la base : 220 coudée = 115,1829064m
Diagonale du carré de base = 622,253967 coudées
= 325,7864569m
Demi-diagonale du carré de base = 311,1269835 coudées
= 162,8932284 m
Hauteur = 280 coudées = 146,5964265m
Apothème = 356 coudées   = 186,3868849m

Arête séparant 2 faces triangulaires = 418,5689906 coudées   = 219,1454223m

Si nous ramenons le ½ coté de la base carrée à l'unité, nous obtenons les valeurs suivantes :

Périmètre de la base carrée : 1760 coudées = 8

½ périmètre : 880 coudées = 4

Coté de la base : 440 coudées = 2

½ coté de la base : 220 coudée = 1

Diagonale du carré de base = 622,253967 coudées = 2,828427125 = 2.$(2^{0,5})$

Demi-diagonale du carré de base = 311,1269835 coudées = 1,414213562 = $2^{0,5}$

Hauteur = 280 coudées = 1,272727274 => la racine du nombre d'or φ = 1,272019649

Apothème = 356 coudées   = 1,618181818, Le nombre d'or φ = 1,618033988

Arête séparant 2 faces triangulaires = 418,5689906 coudées   = 1,902586322… **et $(2+1,618033988)^{0,5}$ = $\sqrt{3,618033988}$ = 1,902113032**.

Ce dernier nombre, curieusement, est lié à la valeur de l'euro, la monnaie européenne.

1 € = 6,559578509 ex-franc
= 2π +3,618033988^{-1}
− 2π + [1/(2+φ)]
= 6,283185307 + 0,276393202.

Nous retrouvons également cette valeur, 3,618 033 988… dans le calcul de l'aire du dodécaèdre, l'un des 5 solides de Platon, l'aire (A) est égale à :

A = 3.(25+10√5)^{0,5} a² = 3√[5(3+4φ)].a²
Soit **3,618 033 988 a²**

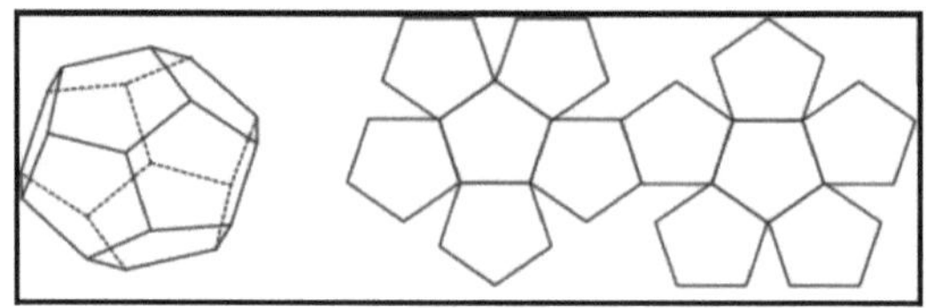

Quant à la relation avec la vitesse de la lumière, on l'établit comme suit :
Vous tracez un carré encadrant un cercle et encerclé lui-même.
Ce carré est le carré de base de la grande pyramide, le diamètre du cercle intérieur est donc de 440 coudées et son périmètre = π.440 = 1382,300768 coudées = 723,715545 m.
Le cercle extérieur aura un périmètre de 1023,488339 m.
Faites la soustraction : **1023,488339 – 723,715545 = 299,772794.**
La vitesse du photon, c, a pour valeur reconnue à ce jour **299,792458** milliers de km par seconde, hors gravitation.

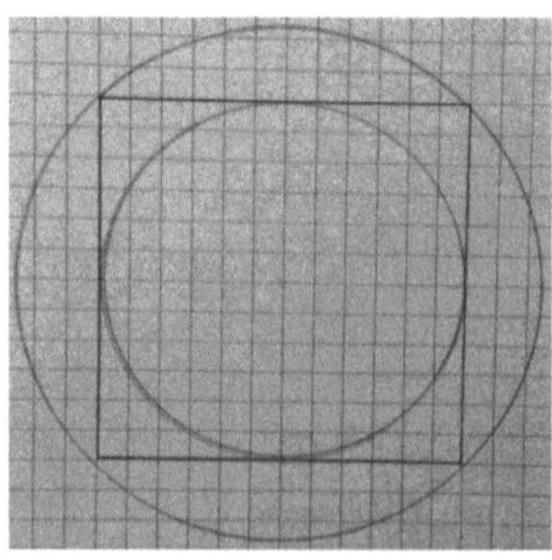

Ce dessin nous fait bien sur penser à la présence d'un tore, dont nous pouvons calculer le rayon, la surface et le volume.

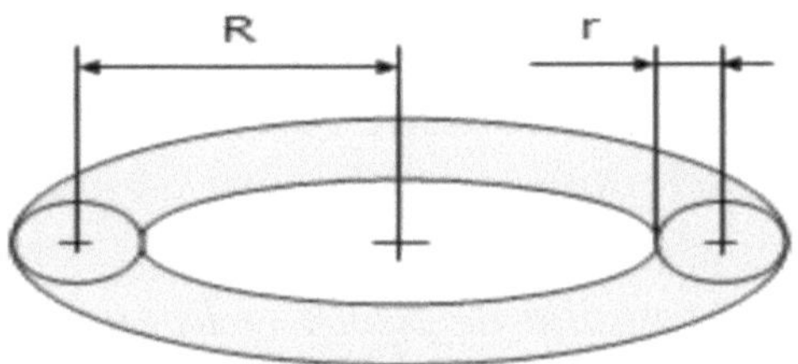

Pour une demi-base ramenée à l'unité, r = (√2 – 1)/2 et R = 1+ [(√2-1)/2], (la différence entre les deux est donc de 220 coudées, soit 115,1829 mètres).

L'AIRE sera donc égale à :

$4\pi^2.23,855m.139,038m = 130941,047m^2$

Et son VOLUME = $2\pi^2.23,855^2.139,038 = 1561809,88m^3$

Le rapport V/A = 11,92758 m

Soit : 299,772794 / 8π.

« Autrement dit : c/8π », dont la valeur exacte, en mètres est de 11928363 m.

Inversement : A/V = 0,0838393… m^{-1}. Nous retrouvons ces deux valeurs, c et 8π, dans le calcul de la constante gravitationnelle d'Einstein, χ.

*Rappelons que dans le concept de « surface sans bord », il y en a deux qui sont bilatères, avec deux côtés, qui possèdent un recto et un verso, se sont **la sphère et le tore**, et puis il y en a deux autres qui sont unilatères, avec un seul côté, comme le ruban de Möbius, se sont **la bouteille de Klein et la surface de Boy.** Pour Jean-Pierre Petit, l'Univers serait une hypersurface unilatère à n dimensions (v. son dernier livre : Contacts Cosmiques, p.300 & suiv.).*

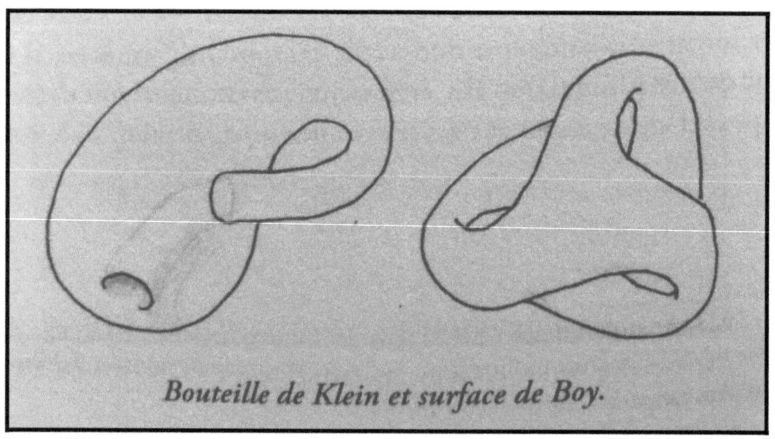

(Illustration extraite de : Contacts Cosmiques, p.302. Ed. Guy Trédaniel, Paris, 2018).

*ALEPH & LA SYMBOLIQUE DES LETTRES-NOMBRES
DÉCRYPTÉE PAR CARLO SUARES.
L'ÉNERGIE-MATIÈRE SELON STÉPHANE LUPASCO,
MODÈLE TRANSFINI.*

« La Qâbala est une gymnastique de l'esprit qui désarticule la pensée rationaliste, tributaire du temps, et nous projette dans une véritable genèse de l'humain, là où se découvre l'enjeu de la partie qui se joue entre la vie-mort et l'existence : l'indétermination qui permet à tous les possibles possibles de demeurer vivants ».

Carlo Suarès

*D'après la Qâbala, les étoiles seraient dans le ciel comme les lettres de l'alphabet hébreu. L'astrophysique de son côté, nous dit que la distribution de la matière dans l'univers serait identique à celle des nombres premiers, nombres dont la suite, tout comme celle des décimales d'un nombre irrationnel ou transcendant, est totalement imprévisible, car infinie et non périodique, tout en répondant cependant à une logique ontologique. Il se trouve, (j'extrapole sûrement mais la similitude est tellement frappante que je ne peux vraiment pas ne pas la citer), qu'en observant les diagrammes H.R (de Hertzsprung Russel) publiés, entre autres, par H. Reeves dans « **Patiente dans l'azur** », nous pouvons constater une ressemblance assez frappante entre ces derniers et le aleph, première lettre de l'alphabet hébraïque, (les lettres de cet alphabet, illustrant principalement des interrelations entre les nombres, sont elles mêmes, à l'origine, des nombres).*

Décryptée par Carlo Suarès, la symbolique des lettres de l'alphabet hébraïque a été publiée dans un petit opuscule intitulé « Les spectrogrammes de l'alphabet hébraïque », (12).

Spectrogrammes obtenus dans les laboratoires du docteur A. A. Tomatis à Paris.

Voici ce qu'ils écrivent à propos de ALEPH :

« Énergie suprême, vivante mais non en existence, ou non existante en plénitude dans le monde spatio-temporel que nous connaissons. Aleph postule une vitesse infinie qui échappe au temps, donc à la pensée. Son action dans le temporel est explosive et discontinue. Consonne et première Lettre Mère, il est symbole d'énergie vitale bien que n'étant dans l'existant que ce que l'inertie lui permet d'être. Dans les minéraux, il est comme mort ; dans les végétaux, il est soumis à la répétition d'archétypes structurés par les mémoires ; dans l'homme, il est plongé dans le sang, c'est le sens même du nom ADAM, (DM = le sang). Signe de la plus grande énergie possible, il est, selon les catégories où l'on situe la pensée, le mouvement des fonctions qui s'appellent vibrations et ondulations, ou intemporel et temporel, ou discontinu et continu, ou explosion et compression, ou autrement. Il est une totalité en soi. »

Comme nous le rappelle Carlo Suarès, «les trois lettres qui jouent le jeu avec aleph, (beith, yod et tâv), font respectivement l'objet du Sepher Yetsira *(de Yotser : former, structurer), de la* Genèse, *et du* Cantique des cantiques. *Les autres lettres analysent la vie cellulaire, mais des astrologues les verront en action dans le zodiaque, des historiens dans le déroulement des évènements, des psychologues dans la psyché... »*

Un double courant énergétique anime ces 22 lettres, et face aux trois lettres précitées (beith, yod et tâv), nous trouvons les trois lettres-mères de cet alphabet (shîn, mem, et aleph, qui sont les trois éléments de la vie sur la Terre, Eretz, émanation vivante et féconde de l'inertie universelle).

$$(2)\ \textbf{Beith} \leftrightarrows \textbf{Schin (300)}$$
$$(10)\ \textbf{Yod} \leftrightarrows \textbf{Mem (40)}$$
$$(400)\ \textbf{Tâv} \leftrightarrows \textbf{Aleph (1)}$$

Somme = 412   = 341

Les deux souffles

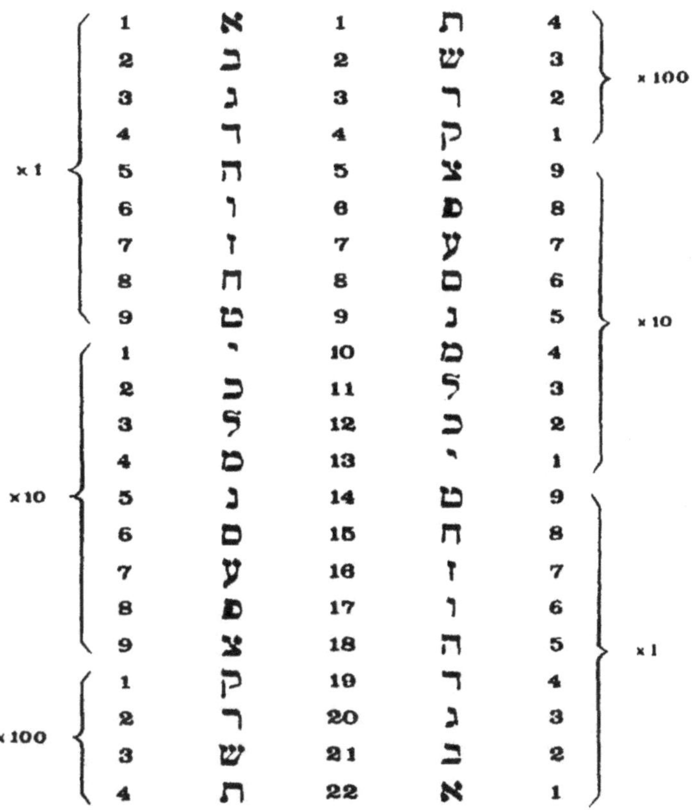

L'analogie arithmétique, entre ces deux courants antagonistes et complémentaires, (du Aleph vers Tau, et du Tau vers le Aleph), se situe au 7ème et au 16ème rang, soit au niveau des lettres Zein et Aein.

Le sens énergétique de ces 22 lettres nombres analysées par Carlo Suarès est le suivant:

(Les 9 premières lettres nombres, de 1 à 9, sont les archétypes, la 2ème série, celle des dizaines, exprime ces archétypes en existence de fait; la 3ème série, celle des centaines, exprime le développement exalté des 9 archétypes dans le cosmos.)

9	8	7	6	5	4	3	2	1
טית	חית	זין	וו	ה	דלת	גמל	בית	אלף
Teth	Heth	Zaïn	Waw	Hé	Daleth	Ghimel	Beth	Aleph

90	80	70	60	50	40	30	20	10
צדי	פא	עין	סמך	נון	מם	למד	כף	יוד
Tsadi	Phé	Ayin	Samech	Noun	Mem	Lamed	Kaph	Yod

900	800	700	600	500	400	300	200	100
ץ	ף	ן	ם	ך	תו	שין	ריש	קוף
Tsadi	Phé	Noun	Mem	Caph	Tav	Schin	Resch	Qôph

Dans chacune des cases, qui se lisent de droite à gauche, le gros caractère est l'initiale, volontairement grossie, de l'*auth* en plénitude.

Exemple : א (aleph) s'écrit אלף en plénitude.

ALEPH (א): *Vie-mort, c'est l'impensable principe abstrait de tout ce qui est et de tout ce qui n'est pas. Nombre 1.*

BEITH (ב): *C'est l'archétype de toutes les « demeures », de tous les contenants, de toute forme, tout support physique, tout gestalt. Nombre 2, sans lequel rien ne serait.*

GHIMEL (ג): *C'est l'archétype de tous les mouvements organiques, donc de tous les Beith qu'anime le Aleph. Nombre 3.*

DALETH (ד): *Est toute résistance au mouvement, inertie comme dans le règne minéral, réaction-réponse à l'information comme dans la biosphère. C'est l'existence physique de tout ce qui, dans la nature, est animé par le Ghîmel et de ce fait, s'affirme en tant que 4 contre la vie-mort qu'est la Aleph. Nombre 4.*

HE (ה): Archétype universel de la vie qui, conféré au Dâleth, lui permet de jouer le jeu de la continuité d'existence contre le discontinu vie-mort. Il exprime la Vie à laquelle nous conférons une majuscule pour ne pas la limiter. Nombre 5.

WAW (ו): Nombre 6 de la fécondation, élément copulatif, l'énergie « mâle », l'effet direct du Hé sur le Dâleth.

ZEIN (ז): Énergie libre à l'état de lyse, c'est aussi l'accomplissement du processus fécondant. C'est le nombre 7 de tous les possibles possibles.

HHEITH (ח): Nombre 8. Archétype de l'énergie primaire, en physique l'hydrogène neutre qui constitue la plus grande partie de l'univers, en psychologie l'inconscient. Réservoir de tout ce qui est indifférencié en tant qu'énergie ou substance; c'est sur lui qu'agit le Zein et c'est en lui que:

TEITH (ט): Nombre 9. Archétype de la femelle primordiale, puise la vie dont les formes évolueront graduellement. Teith représente ainsi la cellule, tout foyer, tout centre, toute concentration d'énergie devenue femelle.

Ces neuf archétypes représentent l'équation fondamentale que le livre de la genèse pose, et dont il développe la résolution.

Les 9 lettres suivantes décrivent le processus des 9 archétypes dans le contingent de leur condition en existence, leur projection dans le manifesté. Elles apparaissent souvent comme le contraire des 9 premières lettres nombres.

YOD (י): Nombre 10. Continuité en existence, Yod (la main, en hébreu) est la projection du Aleph et son contraire, c'est l'archétype de l'existant temporel.

KAPH (כ) : *Nombre 20. Alors que Beith a ses racines dans la résistance cosmique à la vie, Kaph, (le creux de la main), est prêt à recevoir tout ce qui se présente. Il est l'action du Beith (2).*

LAMED (ל): *Nombre 30. Par opposition au mouvement fonctionnel incontrôlé de Gimel (3), c'est le mouvement organique contrôlé, l'agent de liaison conscient.*

MEM (מ): *Nombre 40. L'eau en laquelle n'existe à peu près aucune énergie, aucune résistance, car la vie ne pourrait pas y naître. Contraire du Dâleth.*

NOUN (נ): *Nombre 50. Contrairement au Hé (5), vie illimitée, Noun est une vie réduite à exister dans des répétitions de prototypes, chaque germe selon son espèce. Noun exprime ainsi la condensation en des existences individuelles de la vie illimitée du Hé.*

SAMEKH (ס): *Nombre 60. Alors que Waw est l'agent fécondant mâle, Sâmekh est le sexe femelle dans son activité propre, prolifération de cellules, allant jusqu'à la parthénogenèse.*

AEIN (ע): *Nombre 70. Phonétiquement intraduisible, Aeïn (l'œil en hébreu), est la clé de toute liberté.*

PHE (פ): *Nombre 80. Phé est le Hheith (8) en existence. Sur tous les plans il s'agit ici de la substance primordiale, du réservoir originel de vie en tant que matière première, ou énergie première, indifférenciée.*

TSADE (צ): *Nombre 90. Est le symbole de toute structuration.*

Les centaines ont un rôle fondamental dans la structuration de l'énergie cosmique, à la fois dans l'univers et dans l'être humain.

QOF (ק): *Nombre 100. C'est une des lettres les plus difficiles à comprendre car elle intègre Aleph (1) et Yod (10) en une action cosmique à travers toute la hiérarchie des structures. Il est le Aleph exalté agissant sur sa propre projection, on le voit en particulier dans Qâhînn (Caïn), ce mythique Dieu-en-exil destructeur des illusions. C'est le Aleph cosmique fécondant la masse d'énergie non structurée.*

REISCH (ר): *Nombre 200. Est l'univers en tant qu'habitat de l'Énergie-Une, en tant que cette énergie même, devenant son propre contenant. Contenant cosmique de toute existence, il a ses racines dans l'intense mouvement organique du cosmos.*

SCHIN (ש): *Nombre 300. C'est l'agent actif du Aleph, le Souffle ou mouvement organique de l'univers dont la puissance cosmique est mythiquement identifiée à « l'esprit de Dieu ».*

TAV (ת): *Nombre 400. C'est le réceptacle, ou tabernacle, de la vie du Aleph dans l'univers manifesté qui, pour contenir cette vie, oppose au Aleph une énergie qui lui est égale et de signe contraire. Sans le Tâv, rien n'existerait. Il est le continuum. La racine D.M.T (Dâleth, Mem, Tâv), se décompose, en hébreu, en D.M (le sang), et M.T (la mort). Ainsi D.M.T exprime-t-il le cycle complet de l'existence. Inversement, T.M est la perfection, l'innocence; M.D le vêtement, la mesure.*

KHAF final (ך): *En finale, le 20 devient 500. C'est l'action du Khaf (20) lorsqu'elle assume un rôle cosmique, elle devient alors Vie Universelle.*

MEM final (ם): *Le 40 devient 600. Dans le sens alchimique, Mem représente les eaux en lesquelles se produit l'autogenèse de l'univers. Le Mem terminal est l'aboutissement cosmique de la fertilité. Comme l'écrit Étienne Guillé (3): « 24ème idéogramme, il implique une fécondation cosmique consistant à vaincre la résistance organique des eaux maternelles (40) pour vibrer en harmonie avec le cosmos ».*

NOUN final (ן): *En finale, le 50 devient 700. Il est le principe d'indétermination cosmique qui nie toute fixation, l'enjeu de tout l'univers, l'état de liberté absolue.*

PHE final (ף): *Le 80 devient 800. C'est la masse totale de l'énergie neutre qui constitue le réservoir universel d'énergie.*

TSADE final (ץ): *Le 90 devient 900. C'est le suprême accomplissement de la structuration universelle, l'aboutissement de l'œuvre alchimique, sous le signe à la fois de la beauté cosmique et du féminin transfiguré apparaissant dans des symboles tels que Mère-de-Dieu ou Notre-Dame, etc.*

Pour plus de précisions sur ces Lettres-Nombres, nous lirons avec attention le remarquable ouvrage d'Annick de Souzenelle (13) : « La Lettre, Chemin de Vie », dans lequel, elle écrit, à propos de la lettre Qôph (100) : « Initiale du mot קוף *qôph qui signifie « singe » mais aussi « chas de l'aiguille ». La lettre* ק *est également l'initiale du mot « hachoir ». Le « chas de l'aiguille » est la porte la plus étroite, celle de la Sagesse, dont le Christ nous dit qu'« il est plus facile à un chameau de passer par le trou d'une aiguille qu'à un riche d'entrer dans le Royaume de Dieu. Le chemin de l'homme en tunique de peau est celui de la pauvreté : non pas celle de l'avoir matériel, mais essentiellement celle de l'avoir sécurisant de nos concepts et de nos jugements. Il est important de savoir que ce qui est « vérité » à un plan est « mensonge » à l'autre… et qu'à cet ultime passage du Qôph, l'homme ne sait plus rien. »*

Le Quadrillage des Siècles.

Le nombre 1000 s'écrit avec un Aleph élargi, (en fait, Aleph veut dire mille en hébreu). Ce signe, rarement employé, exprime avec force le Aleph, suprême puissance, vérité cosmique, intemporelle, impensable. Nous pouvons imaginer sa présence dans le diagramme de H-R.

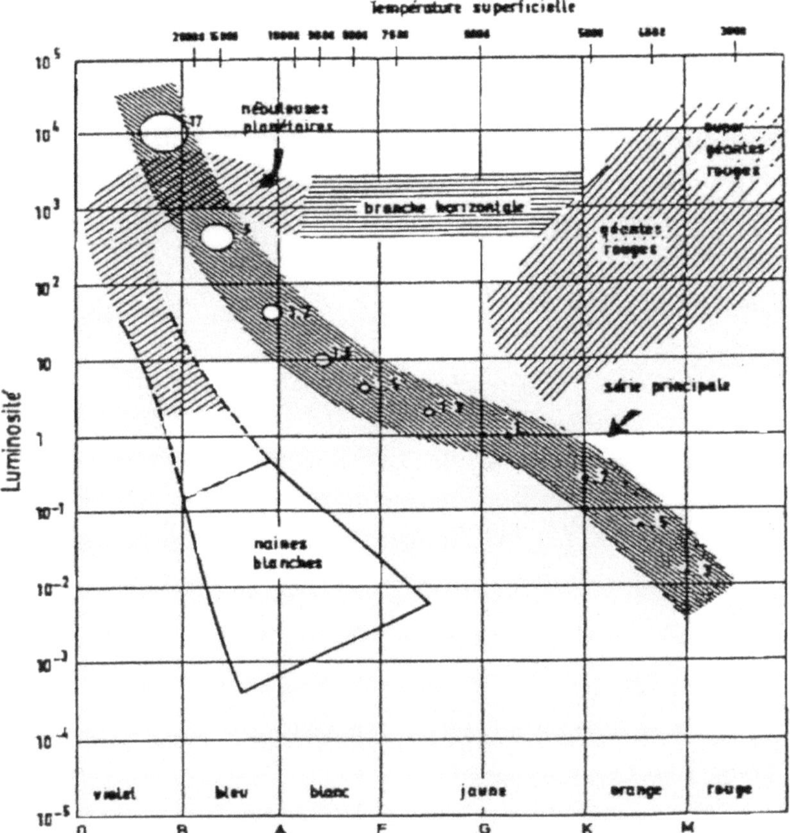

Diagramme couleur-luminosité des étoiles (diagramme de Hertzsprung-Russell). Extrait de « **Patiente dans l'azur** » d'H. Reeves. (L'échelle verticale est graduée en luminosité stellaire absolue tandis que l'échelle horizontale est en « couleur stellaire » ou, ce qui est équivalent, en température superficielle. Les astronomes utilisent une classification plus détaillée appelée « type spectrale », et à laquelle correspondent les lettres O, B, A, F, G, K, M, inscrites sur l'échelle du bas. Sur la région hachurée de la série principale, le diagramme donne la masse des étoiles qui s'y trouvent situées, en unités de masse solaire.)

J'ai présenté cette symbolique énergétique des lettres nombres, décryptée par Carlo Suarès, car elle nous permet d'envisager un « regard neuf » sur des textes ontologiques tel que celui de la genèse, mais également sur des structures arithmologiques tels que les carrés magiques, ou les systèmes circulaires (roues arithmologiques ou roues d'insécables) de Pythagore, et qui sont effectivement des systèmes finis et sans limite. Les nombres, tout comme les lettres, étant des symboles, nous pouvons envisager de remplacer ces nombres par des idéogrammes ou les lettres de tel ou tel alphabet. Les carrés magiques constitués d'idéogrammes hébraïques sont bien connus, mais rares sont les auteurs à avoir publié sur ce sujet, c'est le cas néanmoins de Gérald Scozzari dans le n°331 d'avril 1984 de la revue Atlantis. Après un rapide retour sur les travaux d'Enel, Gérald Scozzari nous propose de décrypter les carrés « matrices » selon leur schéma de construction, schéma qui définira leur lecture. Je ne reprendrai, ici, que son exemple concernant le carré magique d'ordre $n = 4$, carré jupitérien, dont le cœur, 2 x 17, est le double de son nombre d'homme qui est également nombre premier, donc générateur de la roue arithmologique d'indicatif 16. Voici ce que nous propose Gérald Scozzari:

« <u>Carré de Jupiter</u> »

Le schéma fonctionnel est très simple, ce sont les chiffres des diagonales qui sont inversés.

C   B

4	14	15	**1**
9	7	**6**	12
5	**11**	**10**	8
16	2	3	**13**

A   D

L'ordre de lecture traditionnel est donné par les diagonales AB et CD placées sur le carré magique.

Et nous avons :

16 - 11 - 6 - 1 - 4 - 7 - 10 - 13
Ay K V A D Z I M

Ay : *Aein, 16ème lettre de l'alphabet, signifie l'œil (symbole du regard du père, ou de l'intelligence : lire, étudier...)*

K.V *(prononcer kav): la fenêtre, une ouverture vers le ciel.*

A.D *(prononcer ed): la nuée.*

Z.I.M : *l'idée d'éclat multiplié.*

Ce qui nous donne en 2ème lecture :

« Après l'étude, ouvrons-nous vers le ciel et contemplons la magnificence de dieu ».

Commentaire : Le vrai but de l'étude (sous entendue religieuse et/ou symbolique) c'est de voir le Très-Haut dans ses manifestations quotidiennes et universelles.

Carré d'ordre 4, donc humain, adamique, l'Adam terrestre représentant l'humanité dont le programme ontologique est de vaincre la résistance organique pour accéder au statut d'Adam Cosmique. Ce qui implique dans le langage alchimique, d'intégrer puis d'exprimer l'Énergie de la Pierre Philosophale, dans un premier temps, puis l'énergie du Sphinx et l'énergie du Scarabée d'Or dans un deuxième temps.

Dans cet exemple, Gérald Scozzari utilise chaque nombre des carrés magiques en question comme un nombre ordinal lui permettant de définir l'idéogramme correspondant, ainsi le nombre 11 détermine-t-il le 11ème idéogramme, soit la lettre Kaph כ. D'autres auteurs ont procédé différemment, faisant correspondre les idéogrammes des dizaines aux chiffres des

dizaines, le nombre 11 est alors transcrit Aleph (1) + Yod (10)
אי.

*Le carré « hébraïque » de Gérald Scozzari se présente donc
ainsi :*

ד	מ	ס	א
ט	ז	ו	ל
ה	כ	י	ח
ע	ב	ג	מ

LA TROMPETTE DE GABRIEL.

Curieusement, son volume est égal à π et sa surface est infinie ! Si la géométrie de l'Univers lui était semblable, son âge serait infini, comme la surface, alors que sa quantité d'évolution serait finie, mais transcendante, comme le nombre π.

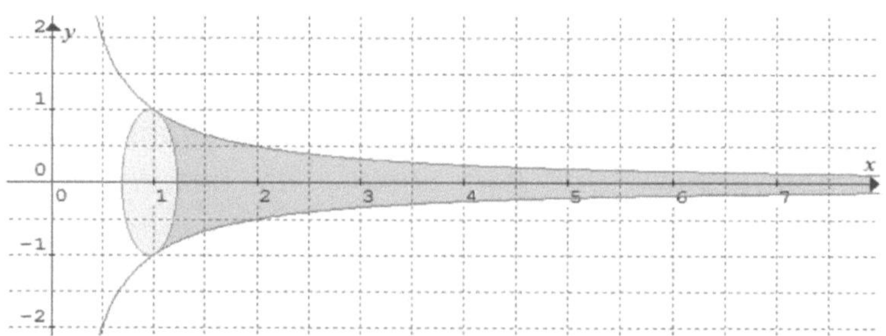

Son volume est donné par la formule :

$$V = \pi \int_1^{+\infty} \frac{1}{x^2}\,dx = \pi$$

et l'aire est donnée par la formule :

$$S = 2\pi \int_1^{+\infty} \frac{\sqrt{x^4 + 1}}{x^3}\,dx = +\infty$$

$$\text{Volume} = \int_1^{\infty} \pi \left(\frac{1}{x}\right)^2 dx$$

$$= \pi \int_1^{\infty} \frac{1}{x^2}\,dx$$

$$= \pi \cdot \lim_{c \to \infty} \int_1^{c} \frac{1}{x^2}\,dx$$

$$= \pi \cdot \lim_{c \to \infty} \left[-\frac{1}{x} \right]_1^{c}$$

$$= \pi \cdot \lim_{c \to \infty} \left(-\frac{1}{c} - \left(-\frac{1}{1} \right) \right)$$

$$= \pi \cdot \left(0 - (-1) \right)$$

$$= \pi$$

La corne de Gabriel est une structure mathématique résultant du tracé graphique 1/x, de sorte que quand x = 1, y = 1 ; quand x = 2, y = ½ ; quand x = 3, y = 1/3 ; et ainsi de suite, puis l'on fait tourner la courbe obtenue autour d'un axe, un tour complet, la forme obtenue ressemble à une corne dont la pointe se prolonge à l'infini. Et cette corne infiniment longue a un volume fini ! Par contre, sa surface est infinie, ce qui est plutôt contre-intuitif ! Mais n'est-ce pas là la fonction essentielle de la Mère des sciences, la Mathématique. A savoir de nous orienter vers cette *« gymnastique de l'esprit qui désarticule la pensée rationaliste, tributaire du temps »* et de préserver *« l'indétermination qui permet à tous les possibles possibles de demeurer vivants » (Carlo Suarès).* La fonction zêta (effet Casimir), et la non-commutativité des quaternions (indispensable à l'étude du spin des particules) en sont des exemples frappant !

L'Archange Gabriel

L'ÉNERGIE-MATIÈRE selon Stéphane LUPASCO.

Pour symboliser le cardinal d'un ensemble infini et dénombrable, ce qui pourrait être le cas de notre univers, Cantor choisira d'utiliser aleph, faisant ainsi de $Aleph_1$, le symbole du transfini.

Un système fini & sans limite (l'expression est de Riemann), est un modèle de système transfini, dans le sens ou l'entendait **Stéphane LUPASCO** (1900-1988), philosophe français d'origine roumaine, auteur de **la logique dynamique du contradictoire fondée sur la notion de tiers-inclus (ou 3è état noté : Ti),** et qui sut intelligiblement algébriser l'intuition *surréaliste* de **John Von Neumann** qui a démontré que la **logique quantique** n'était pas cohérente avec la logique du tiers-exclu d'Aristote.

Stéphane Lupasco (1900-1988) John Von Neumann (1903-1957)

La contradiction, nous précise Stéphane Lupasco, **est un principe de concentration et d'intensification de l'énergie. Il y a trois grandes orthodéductions, écrit-il:** *« Macrophysique, Biologique et Psychique. Je me suis dit que la troisième était forcément psychique, puisqu'on la retrouve à la fois dans le noyau atomique et dans le cerveau, mais j'ai constaté qu'il y en avait d'autres.*

Il y a donc des paradéductions en plus grands nombres, et ces paradéductions se développent d'une manière transfinie ; c'est cela qui est extraordinaire. Par transfini, je veux dire que l'énergie n'est ni finie, ni infinie ; elle est transfinie, ce qui fait qu'elle se dépasse constamment sans jamais pouvoir atteindre l'infini ; parce que si elle atteignait l'infini, elle disparaîtrait. Or, elle ne peut disparaître, de part sa constitution logique d'antagonisme et de contradiction ; je l'ai dit dans un livre : « la contradiction est la sauvegarde de l'éternité ».

Ida RABINOVITCH, dans « La science et le divin, tome 2, éditions Présence » (14), nous rappelle comment S. Lupasco redéfini l'énergie : *« Stéphane Lupasco pose le postulat que l'énergie serait le résultat d'antagonismes structuraux en déséquilibre et la manifestation (actualisation) de cette énergie est d'autant plus forte que les déséquilibres sont plus grands, (l'équilibre étant toujours le but final recherché). Or, quand deux systèmes en déséquilibre sont liés entre eux, l'un minoritaire par rapport à l'autre, les deux systèmes réagissent l'un sur l'autre pour former, par rétroactions successives, des séries de nouveaux systèmes de plus en plus complexes en tentant de paralléliser sans cesse leurs antagonismes pour se rapprocher de l'équilibre. Dans ces conditions, leur énergie interne, potentielle, ne cesse de croître, mais à mesure que les antagonismes s'équilibrent, elle s'actualise de moins en moins. Il s'en suit que la complexité ne cesse de croître et que l'énergie ne cesse d'augmenter, mais elle a de plus en plus tendance à se potentialiser, a ne plus s'actualiser, <u>or la potentialisation est la conscience, nous dit Stéphane Lupasco, et lorsque l'énergie se manifeste violemment (s'actualise), elle le fait sous forme de matière !</u>*

III

NOMBRE D'OR & SÉRIES ADDITIVES .

Le nombre d'or est la variante répétée de tout ce qui est cyclique dans la vie ; par exemple, citons les insertions du nombre d'or :
- Dans la distance entre eux des sept niveaux électroniques de chacun des atomes de la création ;
- Dans le spectre chimique ;
- Dans les rythmes du sang, du cœur, des nerfs, des pulsations et du PH ;
- Dans les biorythmes de plus en plus utilisés en sport et en aviation ;
- Dans la forme du rayon lumineux ;
- Dans les variations météorologiques ;
- Dans le plutonisme terrestre ;
- Dans le mouvement cyclique de la Terre et des planètes autour du Soleil, celui du Soleil autour du centre de notre galaxie, jusque dans les formes de cette galaxie.
Et voilà que ce nombre d'or s'incorpore dans les rythmes biologiques expérimentaux et spécialement dans les périodes des rythmes leucocytaires.
Émile PINEL, (Vie et Mort. Éditions Maloine).

Les Vitalistes n'avaient finalement pas tort, puisqu'ils avaient perçu la transcendance de la Vie. Mais ils la cherchaient là où elle n'est pas, parlant de « force » ou d'« énergie » au lieu de programme, d'organisation. Or la force et l'énergie ne sont jamais infinies, même en puissance, alors qu'un programe peut l'être potentiellement : il suffit qu'il prescrive une suite d'opérations découlant indéfiniment les unes des autres, c'est-à-dire, en termes mathématiques, un développement en série, et en termes biologiques, une épigenèse. L'épigenèse des individus peut sembler limitée, mais celle des espèces, et à fortiori celle du monde vivant, ne l'est pas.
Lucien ROMANI.

Mathématiquement, le nombre d'or est le seul nombre séparé de son inverse par l'unité.

$\Phi - \Phi^{-1} = 1$

et

$\Phi^2 - \Phi = 1$

Si vous calculez ce nombre, vous trouverez donc :

$\Phi = 1,618\ 033\ 988\ldots$

et

$\Phi^{-1} = 0,618\ 033\ 988\ldots = \boldsymbol{\varphi}$

Le protocole de création d'une série additive consiste, à partir d'un nombre quelconque à lui ajouter l'unité pour obtenir le nombre suivant puis a continuer l'opération de sommification pour prolonger la série. Le nombre de séries additives est donc infini. Les plus connues sont la suite des nombres de Fibonacci (F), et la suite des nombres de Lucas (L).

F = 0 1 1 2 3 5 8 13 21 34 55 89 144…
ou :   1 1 2 3 5 8 13 21 34 55 89 144...

L = 2 1 3 4 7 11 18 29 47 76 123 199…

La série F, comme l'a démontré Don Néroman est homologue à la série L à l'échelle √5.

$\mathbf{F_n} \cdot \sqrt{5} = \mathbf{L_{n+1}}$

La suite des nombres de Lucas est une progression dorée car chacun de ses termes équivaut à ceux de la suite des puissances du nombre d'or dans le domaine du discontinu, (il suffit d'arrondir à l'entier le plus proche Φ^n). La progression dorée de Lucas est donc à la fois additive et multiplicative, c'est à la fois une progression géométrique et une progression arithmétique.

Comme l'a démontré Don Néroman, toutes les séries additives sont des séries d'or, le rapport entre deux nombres se succédant tendant naturellement vers le nombre d'or et ce d'autant plus qu'ils sont de plus en plus élevés.

Et nous pouvons remarquer que :

$$F_n \quad = 0 \ 1 \ 1 \ 2 \ 3 \ 5 \ 8 \ 13 \ 21 \ 34...$$

$$+ \ F_{n+2} \ = \quad 1 \ 0 \ 1 \ 1 \ 2 \ 3 \ 5 \ 8 \ 13...$$

$$= \text{Lucas} = 0 \ 2 \ 1 \ 3 \ 4 \ 7 \ 11 \ 18 \ 29 \ 47...$$

Le nombre de séries additives étant infini, nous pouvons néanmoins démontrer, grâce au principe de la réduction théosophique et aidé de la géométrie, qu'il n'existe que TROIS séries fondamentales de base. La série F, la série L, et la 3è et ultime série ou série P (P comme Pythagore).

$P = 3 \ 1 \ 4 \ 5 \ 9 \ 14 \ 23 \ 37 \ 60 \ 97 \ 157...$

Cette 3è et ultime série série peut-être reliée aux séries F et L :

$F_n + L_{n+2} = P_n$

Leurs représentations géométriques sont les suivantes :

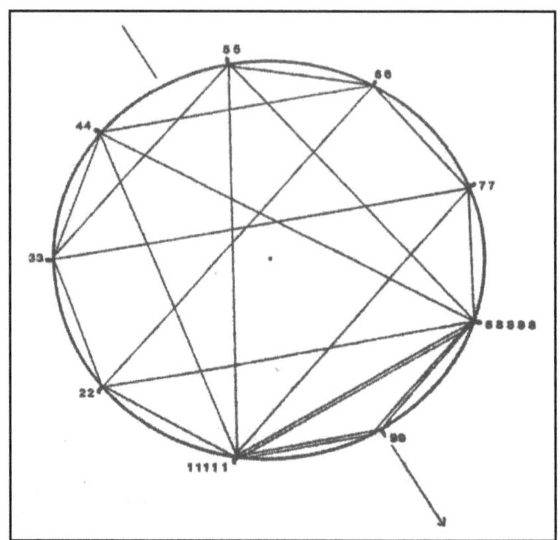

**REPRÉSENTATION GÉOMÉTRICO-THÉOSOPHIQUE
DE LA SUITE DES NOMBRES DE FIBONACCI.** (SUITE ITÉRATIVE DE 24 NOMBRES)

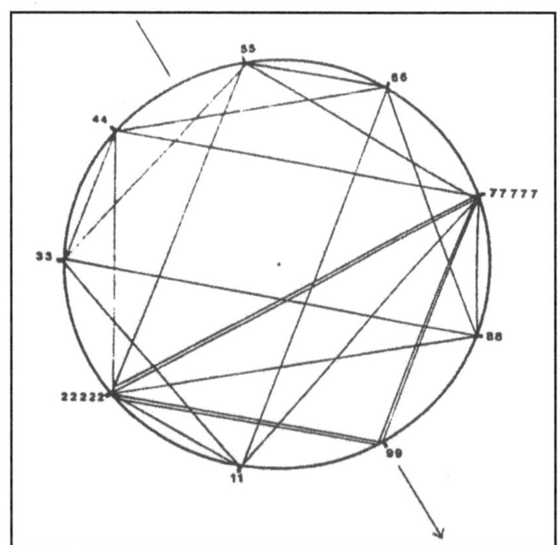

**REPRÉSENTATION GÉOMÉTRICO-THÉOSOPHIQUE
DE LA SUITE DES NOMBRES DE LUCAS.** (SUITE ITÉRATIVE DE 24 NOMBRES)

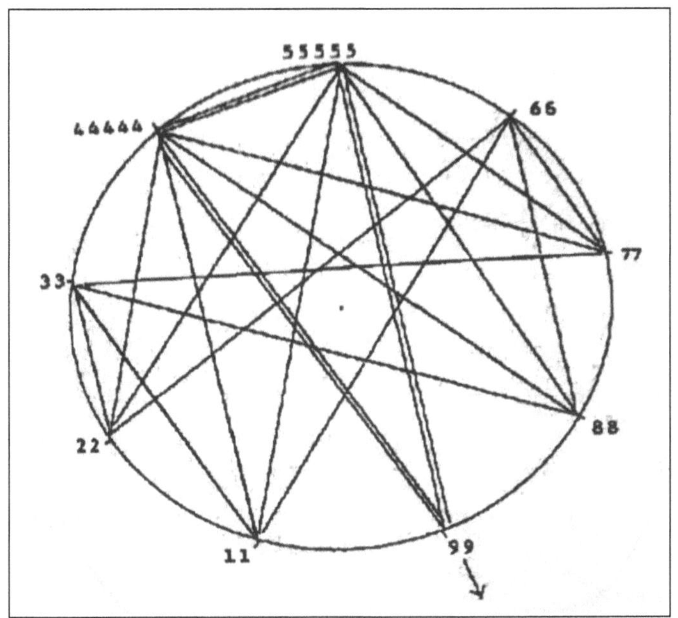

**REPRÉSENTATION GÉOMÉTRICO-THÉOSOPHIQUE
DE LA SUITE DES NOMBRES DE LUCAS.**
(SUITE ITÉRATIVE DE 24 NOMBRES)

Ces trois représentations géométrico-théosophiques sont polarisées par le nombre 9, si chère aux alchimistes, ces *laboureurs du Ciel*.

Le tableau suivant reprend nos trois séries fondamentales et nous démontre qu'elles contiennent en leurs seins les autres séries

Rangs	Série F	N.T	Série L	N.T	Série P	N.T
n	**1**	**1**	2	2	3	3
n+1	**1**	**1**	1	1	1	1
n+2	**2**	**2**	3	3	4	4
n+3	3	3	4	4	5	5
n+4	5	5	7	7	9	9
n+5	8	8	11	2	14	5
n+6	13	4	18	9	**23**	**5**
n+7	21	3	29	2	**37**	**1**
n+8	**34**	**7**	47	2	**60**	**6**
n+9	**55**	**1**	76	4	97	7
n+10	**89**	**8**	**123**	**6**	157	4
n+11	144	9	**199**	**1**	254	2
n+12	233	8	**322**	**7**	411	6
n+13	377	8	521	8	665	8
n+14	610	7	843	6	1076	5
n+15	987	6	1364	5	1741	4
n+16	**1597**	**4**	2207	2	2817	9
n+17	**2584**	**1**	3571	7	4558	4
n+18	**4181**	**5**	5778	9	7375	4
n+19	6765	6	9349	7	11933	8
n+20	10946	2	15127	7	19308	3
n+21	**17711**	**8**	24476	5	31241	2
n+22	**28657**	**1**	39603	3	50549	5
n+23	**46368**	**9**	64079	8	81790	
…	…		…		…	
n+24=n	**75025**	**1**	**103682**	**2**	**132339**	**3**

Les triplets initiaux de ces trois séries fondatrices nous font penser tout naturellement à l'accord parfait Pythagoricien.

Celui-ci se compose d'un son, la note fondamentale, dont l'octave est dans le rapport 2/1.

D'une quarte (do-fa), rapport 4/3. Et de la quinte (do-sol), dans le rapport 3/2.

La différence avec l'accord parfait majeur, réside dans le fait que la tierce (do-mi), rapport 5/4, est remplacée par la quarte dans l'accord parfait Pythagoricien.

L'ensemble de ces rapports n'est pas non plus étranger à la notion de rythme puisqu'on le retrouve naturellement dans la trame rythmique de certaines polyphonies pygmées étudiées par l'ethnomusicologue Simha Arom pendant plus de quarante ans en Centrafrique.

Les relations essentielles entre ces trois degrés de liberté que sont :

- La série d'or de Fibonacci, trame fondamentale de toutes les séries d'or.

- La progression dorée de Lucas.

- et la série P de Pythagore en tant qu'élément indissociable d'une logique non-aristotélicienne, donc quantique et psychique, telle que la dialectique du tiers-inclu de Stéphane Lupasco, sont :

$$1)\ F_{n+2} = F_n + P_{n-1} + L_{n-2}$$

$$2)\ L_n = L_{n-3} + F_{n-2} + P_{n-2}$$

$$3)\ P_n = P_{n-2} + F_{n-3} + L_{n-1}$$

Le **SUPRACODE** de l'ADN de **JEAN-CLAUDE PEREZ.**

Informaticien, Jean-Claude Pérez fut l'un des pionniers de la neuro-informatique dans les années 1980. Passionné par le projet HUGO de décryptage du génome humain, il découvre en 1990 un « ordre global de l'ADN », depuis validé par Luc Montagnier, Nobel 2008, ainsi que par le virologue Jean-Claude Chermann, qui déclarera : *« Nous avons fait travailler J.C Pérez sur des expériences que nous avions déjà faites. Il est rapidement tombé sur une zone importante du virus VIH que nous avions mis quatre ans à trouver ».*

Les travaux de recherches de J.C Pérez portent donc sur le décryptage numérique de l'ADN, (15 & 16). Tout comme le code génétique classique, à base 3, découvert par Crick et Watson dans les années 1960, (code qui ne s'applique qu'aux protéines, soit environ 3 à 4 % de l'ADN), le « Supracode » de J.C Pérez concerne l'ensemble de l'ADN cellulaire codant pour les gênes.

Comme il l'écrit lui-même, page 17, dans « Codex Biogenesis » : *« Les structures de Fibonacci sont exclusives de tout l'ADN codant (ARN, gènes, protéines) mais disparaissent totalement dans l'ADN non codant, celui des introns, de l'ADN génomique ou du fameux « junk DNA » (ADN poubelle) etc ».* Ce *Supracode démontre que l'ADN est porteur d'un ensemble de résonances dont les déterminants sont les nombres de Fibonacci, de Lucas, et de leurs relations.* J.C Pérez découvre également une loi d'Unification de toute l'information génétique : le « Master Code » ou *« Équation of life »,* unifiant les différents niveaux de réalité des bio-atomes et de leurs isotopes aux génomes entiers.

Dans l'infiniment petit de la matière vivante, Jean Claude Pérez nous rappelle qu'il existe un couple bien étrange :

« L'ARN-transfert est l'assemblage hétérogène d'un frêle triplet de trois bases : le CODON, et d'un atome massif, l'ACIDE AMINÉ... La flexibilité, la diversité des états possibles du codon sont, pour le lourd acide aminé, une garantie d'aventure, de mouvement, de CHAOS... La masse de l'acide aminé assure, elle, STABILITÉ et Longévité au riche mais frêle et fragile message du codon... Grâce à l'acide aminé, le codon passera du statut d'information à celui de matière vivante... Grâce au codon, l'acide aminé passera du stade de la biochimie à celui de « GRAIN de VIE »... En effet, l'ARN-transfert se situe à la frontière entre deux mondes biologiques.../... 1) Le monde abstrait de l'information : l'ADN, véritable programme génétique. 2) Le monde concret du vivant : les protéines, matériau de base de la vie ». (15)

Les relations utilisées par J.C Pérez, et caractéristiques des résonances vibratoires de l'ADN sont les suivantes :

Résonances types :	Exemples :	Rapports :
1) F = F + F (néguentropique)	89 = 34 + 55	89/34 = Phi^2
2) F = F + L (néguentropique)	89 = 13 + 76	89/13 = Phi^4
3) L = L + L (néguentropique)	47 = 18 + 29	47/18 = Phi^2
4) *L = F + F (entropique)*	*47 = 13 + 34*	*47/13 = Phi^2 + 1*

L'existence d'une troisième et ultime série, ou série P, nous invite à prendre en compte quatre autres relations incluant la série P.

Résonances types :	Exemples :	Rapports :
5) P = P + P (néguentropique)	97 = 37 + 60	97/37 = Phi²
6) P = F + F (entropique)	157 = 13 + 144	157/13 = Phi⁵ + 1
7) P = F + L (entropique)	157 = 34 + 123	157/34 = Phi² + 2
8) F = L + P (entropique)	89 = 29 + 60	89/29 = Phi⁰ + 2

Un antagonisme se fait donc jour entre ces deux vecteurs opposés que sont l'entropie et la néguentropie. Antagonisme au sein duquel des forces opposéees peuvent soit conduire à un *Équilibre*, ou état-T (T de Tiers-état), neutralisant les forces en question, soit générer une dynamique indispensable aux processus d'émergences, de différenciations ou de complexifications comme le démontre la dialectique de Stéphane Lupasco. Pour Lucien Romani, je cite :

« 1) C'est l'ORGANISATION, et non pas l'information, qui est l'opposée de l'entropie. (Entropie = grandeur qui, en thermodynamique, permet d'évaluer la dégradation de l'énergie d'un système).

2) L'information augmente la probabilité, alors que l'organisation réduit l'entropie. L'information n'est pas l'organisation, ni même sa cause, mais une des conditions de sa réussite.

3) La liaison nécessaire avec l'énergie est le fait de l'organisation et non de l'information. La création d'information ne consomme pas d'énergie, contrairement à l'organisation, (les transmutations naturelles nous obligent d'ailleurs à envisager l'existence d'au moins une forme d'énergie inconnue).

Entropie <=> Organisation
(domaine objectif, grandeurs additives en parallèle)

Information <=> Probabilités
(domaine subjectif, grandeurs additives en parallèle et en série)

4) Les êtres vivants transcendent les systèmes non-vivants parce qu'ils comportent inventions, codes (systèmes de numérations) et programme (ADN).

5) La matière vivante transcende la matière inanimée parce qu'elle comporte des polymères non répétitifs codés.

Dans sa conférence du 13 novembre 1976 à la Sorbonne, Lucien Romani nus rappelle également que le mot organisation peut revétir trois sens :

- L'action d'organiser, ce qui consomme de l'énergie.
- Le résultat de cette action, relatif à la qualité de l'organisation.
- La quantité d'organisation ajoutée, dans le cas de la mesure.

(Dans ces deux derniers cas, nous retrouvons la notion de poids & mesure si chère aux alchimistes).

Nous pouvons déduire de ces données les faits suivants :

1) Si l'information n'est pas du domaine de la thermodynamique, contrairement à l'entropie, il va de soi que le choix de la source d'information *(d'alimentation)* est capital pour l'organisation du vivant d'une part, pour le développement de ses potentialités épigénétiques d'autre part.

2) Le résultat de l'action d'organiser dépend directement de la qualité du potentiel énergétique du système mis en jeu et du mode de transformation effectif de ce potrentiel. L'arbre des Séphiroth *(de l'hébreu Séphiri, qui veut dire nombre)* des Kabbalistes décrit parfaitement l'ensemble de ces processus, puisque ses composants *(nombres)* sont des transformateurs d'énergie permettant aux souffles vitaux d'atteindre et d'animer les supports vibratoires *(ADN,* *protéines...)* de la matière vivante. La première Séphira, **Kéther** *(traduite la Couronne)*, est, pour Carlo Suarès, hors des limites de notre Univers, extra-cosmique, et signifie : **« Souffle d'Elohim Vivant »**. A ce propos, nous pouvons rappeler les travaux d'Étienne Guillé et de son équipe (5) qui ont démontré l'existence, à l'échelle cosmique *(des quarks aux galaxies)*, de deux grandes familles d'énergies vibratoires, de nature radicalement différente, antagonistes et non complémentaires, donc de deux cosmos (cosmos veux dire ordre), de deux modes de transformation et d'organisation des énergies vibratoires (E.V) au sein de la matière vivante (S.V, support vibratoire). Le premier concerne la cellule saine, destinée à l'Éternité, le second la cellule cancéreuse, indifférenciée, donc incapable de construire un organisme car animée par les gènes Myc et Ras qui lui confère son immortalité matérielle. Le Langage Vibratoire de la Vie à base moléculaire mis au point par Étienne Guillé et son équipe permet de nommer ces deux cosmos. Le premier se nomme MEAI GazO GOC(Jold). Le second MAGA GAU GAS. Vous pouvez retrouver la définition de chacun de ses termes dans les ouvrages d'Étienne Guillé (11).

Étienne Guillé et son pendule

3) Le vivant étant subjectif, soit il contrôle le passage de l'information à l'organisation, soit il lui est subordonné.

4) Conscience-Énergie et Énergie Vitale sont nécessairement antagonistes et complémentaires et à la base des processus d'évolution de la matière vivante. (S.V + E.V = les particularités de ce couple plus une qualité émergente).

5) Les grandeurs du vivant étant limitées par l'organisation pour les besoins de sa manifestation, cette limitation n'en permet pas moins, comme l'écrit Lucien Romani : **« l'irruption de l'infini dans le mécanisme créateur ou mécanismes de base de la vie elle-même, *(codes génétiques) »*.**

Roues arithmologiques de Pythagore (17 & 18) et arithmétique modulaire de Gauss (19).

Les roues arithmologiques de Pythagore sont des systèmes circulaires représentatifs de l'Ouroboros, nom du serpent qui se mord la queue issu de la mythologie gréco-égyptienne. Il symbolise à la fois l'infini et la succession des cycles, processus permettant « *l'irruption de l'infini dans le mécanisme créateur (Lucien Romani) »*. L'infini est l'Éternité, a-spatiale et a-temporelle, Référentiel Absolu se manifestant dans l'univers relatif, par la succession des cycles, rendant ainsi possible la transcendance du temps et de l'espace.

Tout nombre premier (dit insécable), est le générateur (G) d'un ensemble d'éléments donnés dont l'indicatif, (ou la période), notée I, est égal à G-1.

(Cet indicatif est donc un nombre cardinal).

L'ensemble de ces éléments est ordonné sur ces systèmes circulaires que sont les roues arithmologiques selon une double raison de structure notée R et R' correspondant à ses deux sens de lecture ($\cup$ & $\cup$). Leur relation avec le générateur G est définie par la formule :

R x R' = **KG + 1** (K étant un coefficient *quelconque* du générateur G).

Ces éléments sont donc compris entre 1 et I (l'indicatif), R et R' se développant de part et d'autre de l'unité, soit deux sens de lecture.

La suite des nombres en question correspond donc à une résiduelle de **progression géométrique**, progression dont la raison est R dans un sens, et R' dans l'autre sens, antagoniste et complémentaire. Nous appliquons donc l'arithmétique modulaire de C.F GAUSS (1777-1855) aux éléments numériques d'une progression géométrique de façon à obtenir un ensemble de nombres compris entre 1 et l'indicatif I et que nous appelons « résiduelle de progression géométrique ».

Si les carrés magiques sont des ensembles de nombres ordonnés à partir d'une progression arithmétique, (sauf bien sur en ce qui concerne les carrés magiques multiplicatifs), les roues arithmologiques le sont donc à partir d'une progression géométrique.

Prenons un exemple avec la roue 18. (G = 19).

Cette roue possède 3 doubles raisons de structures qui sont:

14 & 15; 2 & 10; et 3 & 13.

14 x 15 = 210, soit (11 x 19) + 1

2 x 10 = 20, soit (1 x 19) + 1

Et 3 x 13 = 39, soit (2 x 19) + 1.

Dans tous les cas de figures, donc, R.R' = KG+1

Pour la double raisons de structure 14 et 15.

La progression géométrique de base: 1, r, r^2, r^3, r^4, r^5, r^6 … correspond donc, dans un sens, à la suite des nombres:

1, 15, 15^2, 15^3, 15^4, 15^5, 15^6 … soit:

1, 15, 225, 3375 , 50625, 759375 , 11390625   …

et dans l'autre sens, à la suite:

1, 14, 14^2, 14^3, 14^4, 14^5 , 14^6 … soit:

1, 14, 196 , 2744, 38416, 537824, 7529536   …

Ces nombres sont bien trop élevés pour être compris entre 1 et 18; il nous faut donc appliquer l'arithmétique modulaire de Gauss. Le modulo est bien sur le générateur G, soit un nombre premier.

Ainsi 225 modulo 19, devient 16; 225/19 = 11 x 19 + 16.

16 est dit congru à 225 modulo 19; il est le reste, ou le résidu, de la division de 15^2 par 19. Idem pour tous les autres nombres.

Ainsi la suite des nombres 1, 15, 225, 3375, 50625... Devient-elle:

1, 15, 16, 12, 9, 2, 11, 13, 5, 18, 4, 3, 7, 10, 17, 8, 6, 14, 1, 15 …

Et la suite 1, 14, 196, 2744, 38416 …

1, 14, 6, 8, 17, 10, 7, 3, 4, 18, 5, 13, 11, 2, 9, 12, 16, 15, 1, 14 …

Miraculeusement, nous obtenons un double sens de lecture, lévogyre et dextrogyre, la boucle étant bouclée à partir du 19ème terme qui redevient l'unité. Ainsi sommes-nous dans un espace fini (incarné), mais sans limite, et non dans cet espace infini (et linéaire) de la progression géométrique initiale.

La roue 10 possède deux doubles raison de structure. La double raison 2 et 6, et la double raison 7 et 8 représentée sur la figure suivante :

Nombres structuraux de la roue 10
(G = 11) de raison 7 et 8.

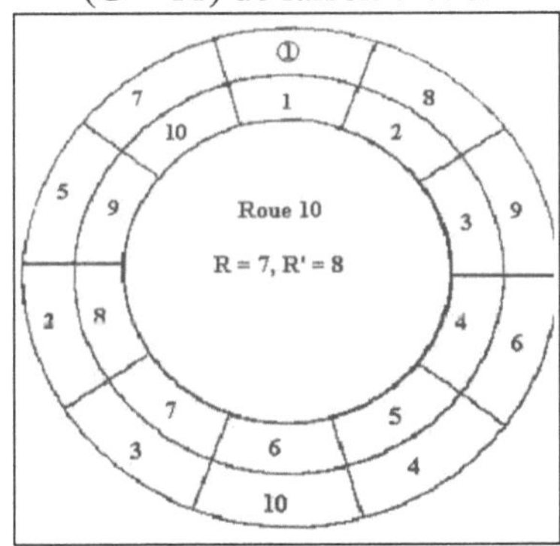

Notons que les doubles raisons de structures de toutes roues arithmologiques peuvent être représentées géométriquement après réduction théosophique de leurs termes respectifs. Cette représentation permet de mettre en évidence leur <u>Nombre Polarisateur</u>.

Exemple avec les trois doubles raison de structure de la roue 18. (Toutes les trois sont polarisées par le nombre 5).

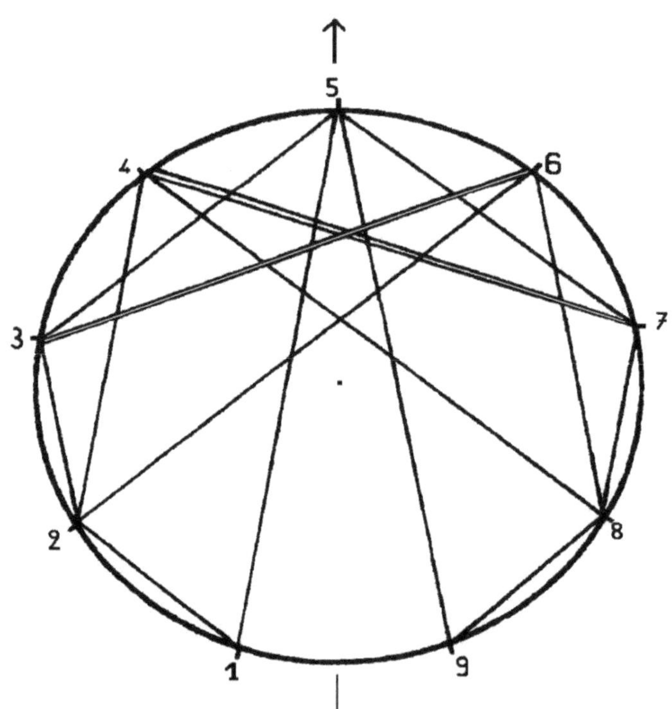

Représentation géométrique de la roue 18 de raison
2 & 10 après réduction théosophique de ses termes.

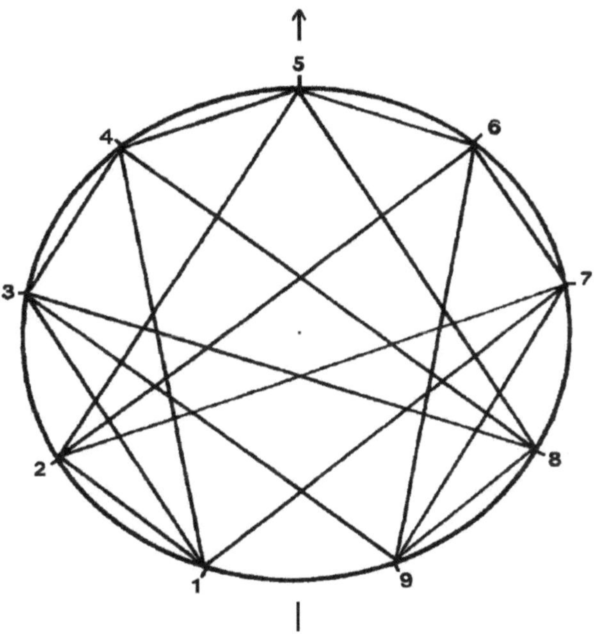

Dans le cas présent, ce Nombre Polarisateur est donc le nombre 5, nombre de la forme $n^2 + 1$, soit le nombre de vie de n (ou nombre d'humanité). Notons que tout générateur dont la réduction théosophique est identique verra l'ensemble de ses structures polarisées par le même nombre. L'indicatif étant systématiquement = à G-1, il en sera de même pour lui. Les indicatifs 18, 36, 72, et 108 ont tous pour réduction théosophique le nombre 9, toutes les raisons de structure de ces roues arithmologiques seront donc polarisées par le nombre 5. Mais si les générateurs 37, 73 et 109 sont de la forme $G = 4n+1$, le nombre premier 19 est de la forme $G = 4n + 3$; les premiers font donc partie du sous-ensemble A des nombres premiers et le dernier du sous-ensemble B, ces deux sous-ensembles ayant été mis en évidence par C.F Gauss au 19ème siècle sont tout à fait justifiés par l'étude des roues arithmologiques et de leurs raisons de structure puisque seules les premières sont bipôles, alors que les secondes sont unipôles.

En résumé, les nombres premiers sont, soient de la forme 4N + 1, et dans ce cas ils ne sont premiers que dans l'ensemble des nombres réels, générant des <u>roues bipôles.</u>

Soit de la forme 4N + 3, <u>roues unipôles,</u> et dans ce cas ils sont premiers aussi bien dans l'ensemble des nombres réels, que dans l'ensemble des nombres complexes (ou entiers de Gauss), où ils sont dits « irréductibles ». (Voir annexe 2).

Générateur G **(nombre premier)** **de type A. G = 4n+1** **(roues bipôles)**	**Générateur G** **(nombre premier)** **de type B. G = 4n+3** **(roues unipoles)**
Somme S des raisons de structure (R et R') = kG $\qquad$ S = kG	Somme S des raisons de structure (R et R') = kG + Ind (l'indicatif) = kG + 1 **Une exception pour G = 19** **ou S = kG**
G = 5 $\qquad$ S = 10 (k=2) G = 13 $\qquad$ S = 26 (k=2) G = 17 $\qquad$ S = 68 (k=4) G = 29 $\qquad$ S = 174 (k=6) G = 37 $\qquad$ S = 222 (k=6) .../... G = 109 $\qquad$ S=1962 (k=18) ...	G = 7 $\qquad$ S=8 = kG + 1 G = 11 $\qquad$ S=23 = kG + 1 **G = 19** $\qquad$ **S=57 = kG** G = 23 $\qquad$ S=139 = kG + 1 G = 31 $\qquad$ S=123 = kG + Ind G = 47 $\qquad$ S=612 = kG + 1 .../... G = 79 $\qquad$ S=1105 = kG + Ind

Ce dernier tableau reprend l'ensemble des raisons de structure des roues d'indicatifs I = 4 à I = 60.

(En italique, les roues dont le générateur est de la forme 4n+3).

Roue 4	3 & 10	***Roue 42***	12 & 31
2 & 3 (L)	26 & 19	*3/29*	41 & 22
		5/26	
Roue 6	8 & 11	*12/18*	14 & 19
3/5	21 & 18	*19/34*	39 & 34
		20/28	
Roue 10	***Roue 30***	30/33	***Roue 58***
7/8 (F)	*3/21*		*2/30*
2/6	*11/17*	***Roue 46***	*6/10*
	12/13 (P)	*5/19*	*8/37*
Roue 12	*22/24*	*10/33*	*11/43*
2 & 7		*11/30*	*13/50*
6 & 11	**Roue 36**	*13/29*	*14/38*
	2 & 19	*15/22*	*18/23*
Roue 16	35 & 18	*20/40*	*24/32*
10 & 12		*23/45*	*31/40*
5 & 7	5 & 15	*26/38*	*33/34 (L)*
	32 & 22	*31/44*	*39/56*
11 & 14		*35/43*	*42/52*
6 & 3	13 & 20	*39/41*	*44/55*
	24 & 17		*47/54*
Roue 18		**Roue 52**	
14/15 (P)	**Roue 40**	2 & 27	**Roue 60**
2/10	6 & 7 (L)	51 & 26	2 & 31
3/13	35 & 34 (F)		59 & 30
		3 & 18	
Roue 22	11 & 15	50 & 35	6 & 51
7/10	30 & 26		55 & 10
5/14		5 & 32	
11/21	13 & 19	48 & 21	7 & 35
15/20	28 & 22		54 & 26
17/19		8 & 20	
	12 & 24	45 & 33	17 & 18 (F)
Roue 28	29 & 17		44 & 43 (F)
2 & 15			
27 & 14			

ANNEXES

ANNEXE 1:

CONJUGAISONS MATHÉMATIQUES:

Les nombres complexes z se composent d'une partie réelle, a, et d'une partie imaginaire, bi.
Ils sont donc de la forme $z = \boldsymbol{a + bi}$, ou $\boldsymbol{a - bi}$, a et b étant des nombres réels et i $= \sqrt{-1}$.

1+4i, 4+9i, 16-9i, 5-17i… sont donc des exemples, parmi d'autres, de nombres complexes. Nombres dans lesquels nous pouvons introduire, au besoin, des nombres fractionnaires, irrationnels ou transcendants. Ce qui nous donnera des nombres tels que : $7 + i\sqrt{2}$, $8 + i\pi$ …

On dit que $\bar{z}$ est le conjugué de z. Et inversement.

Si z = a+bi , son conjugué = a-bi

En multipliant z par son conjugué nous obtenons $a^2 + b^2$, soit un nombre réel.
Le module $|z|$ de a+bi $= (a^2+b^2)^{0,5}$
La recherche du module de z fait donc intervenir le bon vieux théorème de Pythagore :

Dans un triangle rectangle, la racine de la somme des carrés des 2 côtés de l'angle droit donne la longueur du 3e côté, l'hypoténuse.

$(a^2+b^2)^{0,5} =$ l'hypoténuse $=$ le module $|z|$

Notez au passage, que dans un triangle rectangle dont la hauteur est un nombre imaginaire (4i par exemple) et la base un nombre réel (+3 par exemple), l'hypoténuse sera égale à $[(4i)^2 + 3^2]^{0,5}$, soit la racine carrée de -16+9, et racine carrée de -7 est un nombre imaginaire. Et si la base = +4, nous aurons une hypoténuse = à la racine carrée de 0.

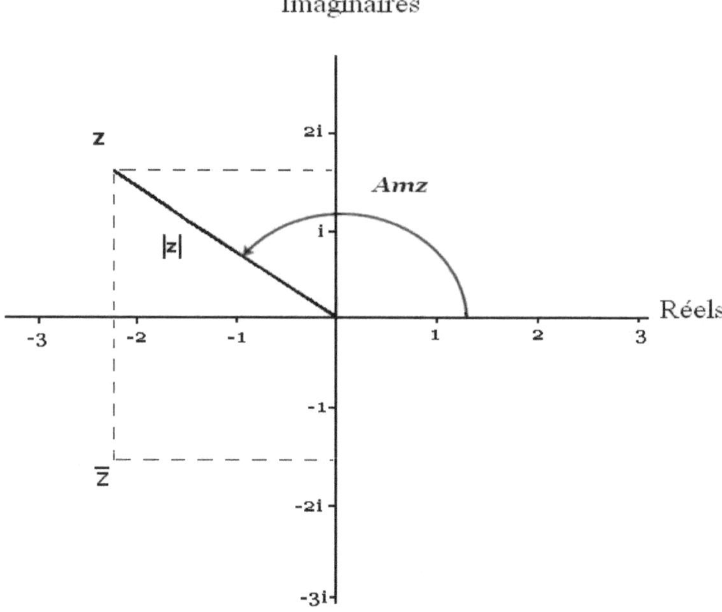

*Le plan complexe avec z, son module |z|
son conjugué Z̄ et son amplitude Amz.*

(avec z = -2,118...+iPhi)

L'écriture d'un nombre complexe, z = a + bi, en coordonnées polaires, s'écrit :

$$z = r \,(\cos \alpha + i \sin \alpha).$$

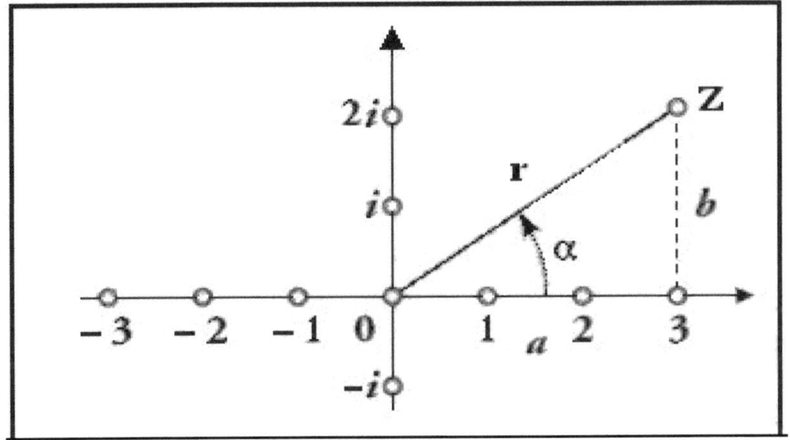

L'angle α est dit l'argument de z, *(Amz)* ;
r (comme rayon) est l'égal du module de z, qui se note ızı.

$$et\ \mathbf{z = re^{i\alpha}}\ \text{sous sa forme exponentielle.}$$

Les nombres complexes se prêtent tout naturellement aux mêmes opérations que les nombres réels, (division, multiplication, soustraction et addition). On peut même élever un nombre complexe, ou réel, à la puissance z. De nombreux cas de figures peuvent se présenter, en voici les règles essentielles.

Addition :

(a ı bi) ı (a-bi) = 2a (soit un nombre réel).

(a+bi) + (a+bi) = 2a + 2bi

(a-bi) + (a-bi) = 2a - 2bi
(a+bi) + (c+di) = (a+c) + i(b+d)

(a+bi) + (c-di) = (a+c) + i(b-d)

Exemple: (4+3i) + (55 + 17i) = 59 + 20i

On additionne les parties réelles (4+55), puis les parties imaginaires, 3i + 17i. Rien de plus simple.

<u>Soustraction</u>:

(a+bi) - (a-bi) = 2bi (nombre imaginaire pur)

(a+bi) - (a+bi) = 0 = (a-bi) - (a-bi)

(a+bi) - (c+di) = (a-c) + (b-d) i

(a-bi) - (c-di) = (a-c) + (-b+d) i

Exemple: (4+3i) - (55 + 17i) = -51 + 3i -17i = -51 – 14i

On soustrait les parties réelles (4-55), puis les parties imaginaires, 3i - 17i. La aussi, rien de plus simple.

(4-3i) - (55 - 17i) = -51 + [(-3i) – (-17i)] = -51 + 14i

<u>Multiplication</u>:

$(a+bi) \cdot (a-bi) = a^2 - i^2b^2 = a^2 - (-1 \cdot b^2) = a^2 - (-b^2) = a^2 + b^2$

ou, si vous préférez:

$$(a+bi) . (a-bi) = a^2 - abi + abi - (bi)^2 = a^2 - (b^2 . i^2) = a^2 - (b^2 . -1)$$
$$= a^2 + b^2$$

L'occasion nous est donnée ici de rappeler les 9ème et 8ème théorème des « *Princeps mathematicorum* » de Gauss :

- Théorème 9. - Si la norme $a^2 + b^2$ d'un entier de Gauss a+bi est un nombre premier, alors a+bi est irréductible.[1]

- Théorème 8. – Pour qu'un nombre premier p soit irréductible dans $\mathbf{Z}$[i], il faut et il suffit que p ne soit pas une somme de deux carrés.

$$(a+bi)^2 = (a+bi) . (a+bi)$$
$$= a^2 + abi + bia + bi^2$$
$$= a^2 + 2abi + bi^2$$
$$(a+bi) . (c+di) = ac + iad + ibc + i^2bd$$
$$= ac - bd + i(ad+bc)$$

Si a = 1 et b = 0

$$(1+i)^2 = (1+i).(1+i) = 1 + 2i + i^2 = 2i$$

---

[1] Dans le domaine des nombres complexes, les nombres premiers sont dits irréductibles. On appelle « entier de Gauss » tout nombre complexe a+bi ou a et b sont des entiers rationnels.

<u>Division</u>:

(On multiplie le numérateur et le dénominateur par le conjugué du dénominateur, ce qui permet de ramener ce dernier à la formule $a^2 + b^2$, soit un nombre réel.)

$$\frac{a + bi}{c + di} = \frac{(a+bi).(c-di)}{(c+di).(c-di)} =$$

$$\frac{ac - iad + ibc - i^2 bd}{c^2 + d^2} =$$

$$\frac{ac + bd}{c^2 + d^2} + i\ \frac{bc - ad}{c^2 + d^2}$$

$$(a + bi) / (a - bi) = \frac{a^2 + 2abi - b^2}{a^2 + b^2}$$

Prenons un exemple:

$7 + 3i = (1+i).(5-2i)$, donc: $7+3i\ /(1+i) = 5 - 2i$

démonstration:

$$\frac{(7+3i).(1-i)}{(1+i).(1-i)} = \frac{7 - 7i + 3i - 3i^2}{1 - i + i - i^2} = \frac{7 + 3 - 4i}{1+1} = \frac{10 - 4i}{2}$$

$$= 5 - 2i$$

Règles des puissances :

Toutes les règles des puissances s'appliquent aussi bien aux nombres réels qu'aux nombres imaginaires. Rappelons l'essentiel de ces règles :

Règle n°1.

$$X^n \cdot X^m = X^{n+m}$$

Exemple : $2^5 \cdot 2^8 = 2^{13}$ (il nous suffit d'additionner les exposants).
$2^{-2} \cdot 2^2 = 2^0 = +1$

$i^{-2} \cdot i^{+2} = i^0 = +1$

Règle n°2.

$$X^n \div X^m = X^{n-m}$$

Exemple : $2^5 \div 2^8 = 2^{-3}$ (il suffit de soustraire les exposants).

$i^4 \div i^2 = 1/-1 = -1 = i^2$
$i^2 \div i^4 = -1/1 = -1 = i^{-2}$

Règle n°3.

$(X^m)^n = X^{mn}$ (on multiplie les exposants, logique !).

Donc $(X^{\frac{1}{3}})^3 = X^1$
$(i^{-1})^i = i^{-i}$

Règle n°4.

$X^{-n} = 1/X^n$ (l'inverse d'un nombre en puissance inverse le signe de la puissance)

$X^{-1} = 1/X$

donc : $12^{-2} = 1/12^2$

$i^{-1} = 1/i$

Règle n°5.

$X^{1/2}$ = racine carrée de X

($X^{m/n}$ = la racine n-ième de X^m).

Donc : $12^{3/2}$ = la racine carrée de 12 au cube. Avec cette règle, nous pouvons calculer toutes les puissances fractionnaires d'un nombre. (π étant égal à 22/7, e à 878/323, à peu de chose près, nous pouvons calculer la valeur d'un nombre à la puissance π, ou e, ou tout autre nombre irrationnels dont la valeur approchée reste acceptable).

$i^{4/3}$ = racine cubique de i^4 = racine cubique de +1

car i^4 = +1, qui possède 3 racines cubiques dont deux complexes, nous y reviendrons avec les nombres d'Eisenstein.

Règle n°6.
(La multiplication de plusieurs nombres ayant la même puissance est égal à leur produit élevé à cette puissance).

$X^n . Y^n = (XY)^n$

$$X^n . Y^n . Z^n = (XYZ)^n$$

...

$$(2i)^2 . (7i)^2 = -4 . -49 = +196 = (2i.7i)^2 = (-14)^2 = +196$$

Règle n°7.

Tout nombre positif à la puissance $0 = +\mathbf{1}$, et **i** puissance 0 n'échappe pas à la règle : $\mathbf{i^0 = +1}$.

Règle n°8.

$$X = e^{\log x}$$

Lorsque $\mathbf{X = a^b}$

Si nous voulons avoir a en termes de X et de b, la réponse est simple. Il suffit d'élever les deux termes à la puissance 1/b. Nous obtenons ainsi :

$$\mathbf{a^1 = X^{1/b}}$$

Ainsi a est la racine *b*-ième de X.

Mais que vaut b en termes de a et de X ? C'est là que les **logarithmes** népériens (ln) de J. Napier, et la notion de **base** font leur apparition.

La réponse est, **b est le log de X en base a, a** peut avoir différentes valeurs, outre la base 2 et la base 10, la base la plus connue est la base **e**, où **e** est le nombre de Neper (ou Napier) égal à 2, 718 281 828 45... C'est un nombre transcendant.

Donc b est le log de X en base e. (ln X)

b fait de l'assertion $\mathbf{X = e^b}$ une égalité parfaite, une assertion vraie.

b étant égal à ln X,

$$X = e^{\ln x}$$

Ceci est vrai pour tous les nombres positifs
Depuis Euler, on sait que $e^{i\pi} = -1$.
Et si $e^z = w$, alors $z = \ln w$
Donc $i\pi$ est le logarithme naturel de -1
$i\pi = \ln (-1)$
Tout nombre complexe non nul possède un logarithme.
En règle générale :
$\text{Ln } z = \ln |z| + iAm(z)$

Le module $|z|$ est un nombre réel, et $Am(z)$ est mesuré en radian,
$(360° = 2\pi$ radian, 1 radian $= 57°295\ 779…)$

La fonction log, donc, tout comme les puissances, est une exponentiation.

Et puisque $X = e^{\log X}$ et $Y = e^{\log Y}$
$X.Y = e^{\log X} . e^{\log Y} = e^{\log X + \log Y}$

Mais comme X.Y à une valeur, disons que X.Y = N, nous avons aussi :
$N = X.Y = e^{\log(X.Y)} = e^{\log(N)}$

D'ou la règle n°9

Règle n°9:

Log (a.b) = log a + log b
Et donc **Log (a.a) = log a + log a**
D'où il découle que $\log (a^N) = N . \log a$

<u>ANNEXE 2:</u>

<u>ENTIERS DE GAUSS IRRÉDUCTIBLES</u> (avec $i = \sqrt{-1}$) :

Johann Carl Friedrich GAUß (transcrit Gauss en français), est né à Brunswick le 30 avril 1777. Il meurt à Göttingen le 23 février 1855. Mathématicien, astronome et physicien, il sera surnommé « le prince des mathématiciens » et considéré comme l'un des plus grands mathématiciens de tous les temps. Issu d'une famille modeste, distant et austère, Gauss ne publiera qu'une infime partie de ses découvertes. La profondeur et l'étendue de l'ensemble de son œuvre ne sera réellement découverte qu'à partir de la publication de son journal intime, en 1898. Dedekind, Eisenstein et Riemann feront partie de ses étudiants. De 1792 à 1795, il formule la méthode des moindres carrés et une conjecture sur la répartition des nombres premiers, (le nombre de nombres premiers inférieurs à n est équivalent à $n/\ln n$ quand n

tend vers l'infini. Cette conjecture sera démontrée en 1896 indépendamment par Jacques Hadamard et Charles-Jean de la Vallée Poussin. Il démontre le théorème fondamental de l'algèbre qui sera le sujet de sa thèse en 1799, il introduit alors la représentation plane des nombres complexes et définie les entiers de Gauss en fondant sa démarche sur des considérations géométriques. Son ouvrage fondamental, les *Disquisitiones arithmeticae* est publié en 1801, année où il redécouvre, par le calcul, l'astéroïde Cérès. Il prend le poste de directeur de l'observatoire de Göttingen en 1807, et fonde la théorie du magnétisme avec Wilhelm Weber, il est également l'auteur de deux des quatre équations de Maxwell. Il s'oriente vers l'étude des géométries non euclidiennes et ce qu'on appelle aujourd'hui la géométrie différentielle, ce qui le conduit à l'étude des géodésiques. Gauss fournit une œuvre originale ouvrant la voie à de nombreux domaines, dont la théorie des nombres et la géométrie des surfaces, l'approche mathématique de l'astronomie…

Le tableau suivant reprend les entiers de Gauss irréductibles (premiers) ou figurent, comme vous le constaterez, les nombres complexes de la forme $a^2 \pm b^2 i$ lorsque $b = a - 1$.

Les 3 sous-ensembles des entiers de Gauss irréductibles.

Partie réelle a $\equiv 3$ (mod 4)	Partie réelle a $\equiv 1$ (mod 4)	Partie réelle a $\equiv 0$ ou 2 (mod 4)
3	$1 + i$	$2 \pm i$
$3 \pm 2i$	$5 \pm 2i$	**4 $\pm$ i**
7	$5 \pm 4i$	$6 \pm i$
$7 \pm 2i$	**9 $\pm$ 4i**	$6 \pm 5i$
11	$13 \pm 2i$	$8 \pm 3i$
$11 \pm 4i$	$13 \pm 8i$	$8 \pm 5i$
$11 \pm 6i$	$13 \pm 10i$	$8 \pm 7i$
$15 \pm 2i$	$13 \pm 12i$	$10 \pm i$
$15 \pm 4i$	$17 \pm 2i$	$10 \pm 3i$
$15 \pm 14i$	$17 \pm 8i$	$10 \pm 7i$
19	$17 \pm 10i$	$10 \pm 9i$
$19 \pm 6i$	$17 \pm 12i$	$12 \pm 7i$
$19 \pm 10i$	$21 \pm 4i$	$14 \pm i$
$19 \pm 14i$	$21 \pm 10i$	$14 \pm 9i$
$19 \pm 16i$	$25 \pm 4i$	$14 \pm 11i$
23	$25 \pm 6i$	$16 \pm i$
$23 \pm 8i$	$25 \pm 12i$	$16 \pm 5i$
$23 \pm 12i$	$25 \pm 14i$	**16 $\pm$ 9i**
$23 \pm 18i$	**25 $\pm$ 16i**	$18 \pm 5i$
...	...	...

Ce tableau met en évidence le fait que <u>les nombres premiers (P) de type B égaux à 4n+3, à savoir les nombres premiers 3, 7, 11, 19, 23, 31, 43, 47... reste premiers dans l'ensemble des entiers de Gauss.</u> Ce qui n'est pas le cas des nombres premiers

de type A (5, 13, 17, 29, 37, 41, 53… de la forme P = 4n+1).
Bien sur ceci ne vaut que si i = $\sqrt{-1}$. Mais nous comprenons bien
que toutes les autres valeurs de i ($\sqrt{-2}$, $\sqrt{-3}$, $\sqrt{-4}$, $\sqrt{-5}$…)
peuvent être ramenées à $\sqrt{-1}$. $\sqrt{n}$, autrement dit $\sqrt{-n}$ est toujours
décomposable en $\sqrt{n}$. $\sqrt{-1}$.

Parmi les entiers de Gauss complexes de la forme a + bi, où a et
b sont des entiers, les nombres premiers Gaussiens sont dits :
« irréductibles ». Ils n'ont pas de diviseurs entiers autres qu'eux-
mêmes et 1. Ils forment une géométrie particulière dans le plan
complexe et Gauss découvrit qu'ils pouvaient se répartir en trois
classes, reprises dans le tableau ci-dessous.

1 + i	**Nombres premiers de type B. (P=4n+3)** (Nombres complexes dont la partie imaginaire est nulle)	**a + ib ou** **b + ia** **avec a et b non nuls et différents,** et $a^2 + b^2$ = **nombre premier de type A.** **(5, 13, 17, 29…)** **(P = 4n+1)**
1 + i	**3**	**2 + i**
-1 + i	**7**	**3 + 2i** et **2 + 3i**
1 + -i	**11**	**4 + i** et **1 + 4i**
-1 + -i	**19**	**5 + 2i** et **2 + 5i**
…	**…**	**…**

La figure suivante exprime leur géométrie dans le plan complexe. Nous y voyons clairement se dessiner un motif géométrique identique dans les quatre secteurs du plan complexe.

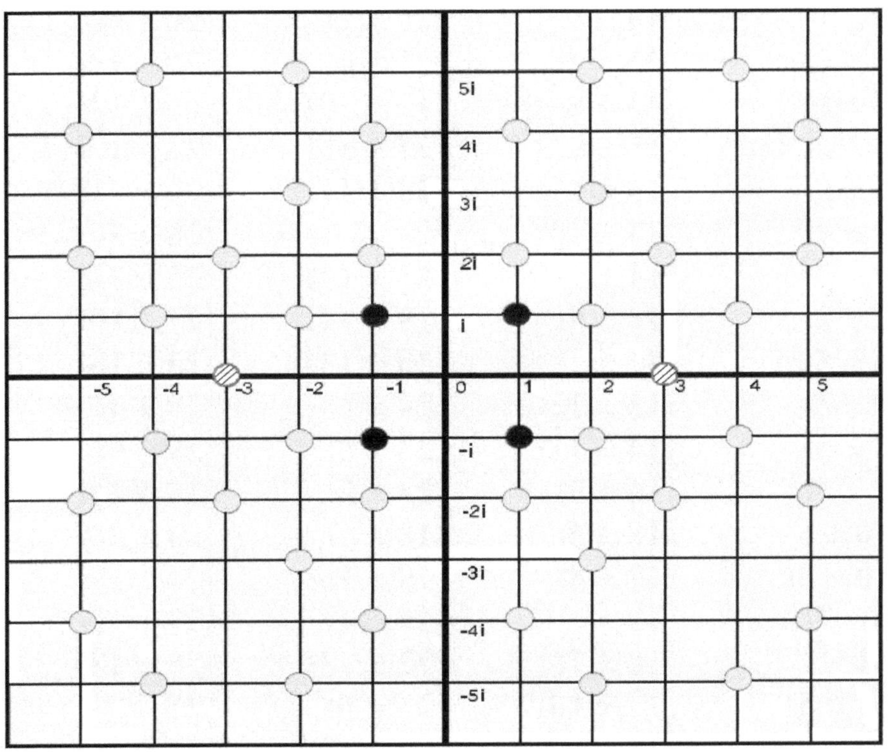

LISTE DES ENTIERS DE GAUSS IRRÉDUCTIBLES : (DE 1+I à 28+15I).

$1 + i$	$10 \pm 9i$	$15 \pm 14i$	$22 \pm 15i$
$2 \pm i$	$12 \pm 7i$	$17 \pm 12i$	$27 \pm 2i$
3	$14 \pm i$	$20 \pm 7i$	$26 \pm 9i$
$3 \pm 2i$	$15 \pm 2i$	$21 \pm 4i$	$20 \pm 19i$
$4 \pm i$	$13 \pm 8i$	$19 \pm 10i$	$25 \pm 12i$
$5 \pm 2i$	$15 \pm 4i$	$22 \pm 5i$	$22 \pm 17i$
$6 \pm i$	$16 \pm i$	$20 \pm 11i$	$26 \pm 11i$
$5 \pm 4i$	$13 \pm 10i$	23	$28 \pm 5i$
7	$14 \pm 9i$	$21 \pm 10i$	$25 \pm 14i$
$7 \pm 2i$	$16 \pm 5i$	$19 \pm 14i$	$27 \pm 10i$
$6 \pm 5i$	$17 \pm 2i$	$20 \pm 13i$	$23 \pm 18i$
$8 \pm 3i$	$13 \pm 12i$	$24 \pm i$	$29 \pm 4i$
$8 \pm 5i$	$14 \pm 11i$	$23 \pm 8i$	$29 \pm 6i$
$9 \pm 4i$	$16 \pm 9i$	$24 \pm 5i$	$25 \pm 16i$
$10 \pm i$	$18 \pm 5i$	$18 \pm 7i$	$23 \pm 20i$
$10 \pm 3i$	$17 \pm 8i$	$19 \pm 16i$	$24 \pm 19i$
$8 \pm 7i$	19	$25 \pm 4i$	$29 \pm 10i$
11	$18 \pm 7i$	$22 \pm 13i$	$28 \pm 13i$
$11 \pm 4i$	$17 \pm 10i$	$25 \pm 6i$	31
$10 \pm 7i$	$19 \pm 6i$	$23 \pm 12i$	$31 \pm 4i$
$11 \pm 6i$	$20 \pm i$	$26 \pm i$	$31 \pm 6i$
$13 \pm 2i$	$20 \pm 3i$	$26 \pm 5i$	$28 \pm 15i$

Décomposition en facteurs irréductibles (nombres premiers) des entiers de Gauss a+bi.

1	$7 + 3i = (1 + i)(5 - 2i)$
$1 + i$	$7 + 4i = i(2 - i)(3 - 2i)$
$2 = -i(1 + i)^2$	$7 + 5i = (1 + i)(6 - i)$
$2 + i$	$7 + 6i = (2 + i)(4 + i)$
$2 + 2i = -i(1 + i)^3$	$7 + 7i = 7(1 + i)$
3	$8 = i(1 + i)^6$
$3 + i = (1 + i)(2 - i)$	$8 + i = (2 - i)(3 + 2i)$
$3 + 2i$	$8 + 2i = -i(1 + i)^2(4 + i)$
$3 + 3i = 3(1 + i)$	$8 + 3i$
$4 = -(1 + i)^4$	$8 + 4i = -(1 + i)^4(2 + i)$
$4 + i$	$8 + 5i$
$4 + 2i = -i(1 + i)^2(2 + i)$	$8 + 6i = (1 + i)^2(2 - i)^2$
$4 + 3i = i(2 - i)^2$	$8 + 7i$
$4 + 4i = -(1 + i)^5$	$8 + 8i = i(1 + i)^7$
$5 = (2 + i)(2 - i)$	$9 = 3^2$
$5 + i = (1 + i)(3 - 2i)$	$9 + i = (1 + i)(5 - 4i)$
$5 + 2i$	$9 + 2i = (2 + i)(4 - i)$
$5 + 3i = (1 + i)(4 - i)$	$9 + 3i = 3(1 + i)(2 - i)$
$5 + 4i$	$9 + 4i$
$5 + 5i = (1 + i)(2 + i)(2 - i)$	$9 + 5i = (1 + i)(7 - 2i)$
$6 = -3i(1 + i)^2$	$9 + 6i = 3(3 + 2i)$
$6 + i$	$9 + 7i = (1 + i)(2 + i)(3 - 2i)$
$6 + 2i = -i(1 + i)^3(2 - i)$	$9 + 8i = i(2 - i)(5 - 2i)$
$6 + 3i = 3(2 + i)$	$9 + 9i = 3^2(1 + i)$
$6 + 4i = -i(1 + i)^2(3 + 2i)$	$10 = -i(1 + i)^2(2 + i)(2 - i)$
$6 + 5i$	$10 + i$
$6 + 6i = -3i(1 + i)^3$	$10 + 2i = -i(1 + i)^3(3 - 2i)$
7	$10 + 3i$
$7 + i = -i(1 + i)(2 + i)^2$	$10 + 4i = -i(1 + i)^2(5 + 2i)$
$7 + 2i$	$10 + 5i = (2 + i)^2(2 - i)$

ANNEXE 3:

HAMILTON ET LES NOMBRES HYPERCOMPLEXES.

Des nombres complexes (à deux dimensions) Hamilton nous invite à passer aux nombres hypercomplexes tels que les quaternions (à quatre dimensions). Sir William Rowan Hamilton, irlandais, (1805-1865), fut surnommé le *« second Newton »*.
Tout comme de nombreux mathématiciens, il fut d'abord un littéraire particulièrement doué pour les langues anciennes (latin, grec, hébreu persan…) avant de se passionner pour les mathématiques et l'astronomie. A 17 ans, il soumet à l'Académie royale de Dublin un correctif à la mécanique céleste de Laplace. En 1843, il crée la théorie algébrique des nombres complexes initié par Gauss (1831), puis il cherche à étendre la notion de nombre complexe à l'espace à trois dimensions. Étudiant l'interprétation géométrique de l'arithmétique des nombres complexes dans le plan, il commence par rechercher des résultats analogues dans l'espace à trois dimensions. Ses premiers travaux opèrent donc sur des triplets, mais des contraintes opératoires

l'oblige à considérer des quadruplets, les quaternions, découverts le 16 octobre 1843 après quinze années de recherches. La nature même de ces travaux, remet en question les rapports entre l'espace, traditionnellement associé à la géométrie, et le temps (associé à l'algèbre).

Curieusement, donc, la seule dimension supérieure à 2 où on a pu créer un corps supplémentaire est la dimension 4, et il n'y en aurai pas d'autres !

Le système des quaternions, noté H, fait partie des nombres hypercomplexes et constituent une extension naturelle des nombres complexes de la forme a + bi. Comme l'écrit Dominique Flament ils satisfont à toutes les propriétés vérifiées par les nombres complexes, exception faite de la commutativité de la multiplication où, pour deux quaternions quelconques **A** et **B**, on a :

AB ≠ BA

Hamilton représente un quaternion quelconque, Q, par une expression linéaire et homogène à coefficients réels en utilisant quatre symboles appelés « unités », **1,** *i, j* et *k.*

Ainsi Q = a + bi + cj + dk

Le premier élément, **a**, est donc la partie réelle de **Q** ; bi + cj + dk, la partie imaginaire, forme un vecteur et correspond à un sous espace de dimension 3.

$$i^2 = j^2 = k^2 = ijk = -1$$
$$ij = -ji = k,$$
$$jk = -kj = i,$$
$$ki = -ik = j,$$
$$\text{et}$$
$$ji = -ij = -k,$$
$$kj = -jk = -i,$$

$$ik = -ki = -j$$

Il en découle que $kji = +1$

Ces propriétés peuvent se résumer à cette table de multiplication.

x	1	i	j	k	-1	-i	-j	-k
1	1	i	j	k	-1	-i	-j	-k
i	i	-1	k	-j	-i	1	-k	j
j	j	-k	-1	i	-j	k	1	-i
k	k	j	-i	-1	-k	-j	i	1
-1	-1	-i	-j	-k	1	i	j	k
-i	-i	1	-k	j	i	-1	k	-j
-j	-j	k	1	-i	j	-k	-1	i
-k	-k	-j	i	1	k	j	-i	-1

Le quaternion $Q = a + 0i + 0j + 0k$ est identifié au nombre réel a.

Le quaternion $Q = a + bi + 0j + 0k$ est identifié au nombre complexe a + bi.

Le conjugué de **Q** s'écrira : $\overline{\mathbf{Q}} = \mathbf{a} - \mathbf{b}i - \mathbf{c}j - \mathbf{d}k$
(Hamilton proposera KQ).

Les **nombres hypercomplexes** sont obtenus en généralisant plus en avant la construction des nombres complexes à partir des nombres réels par la construction de Cayley-Dickson. Celle-ci permet d'étendre les nombres complexes en systèmes de nombres en **dimensionnalité 2^n**.

Ceux-ci inclus donc le système à quatre dimensions : les quaternions, le système à huit dimensions : les octonions, et le système à seize dimensions : les sédénions.

Augmenter les dimensions introduit bien sur des complications algébriques. Ainsi la multiplication des quaternions n'est plus commutative, celle des octonions est, de plus, non associative, et les sédénions sont non-normés.

Rang n	Dimensions $= 2^n$	Nombres (noms)	Propriétés perdues
0	1	Réels **R**	
1	2	Complexes **C**	Perte de la comparaison
2	4	Quaternions **Q**	Perte de la commutativité
3	8	Octonions **O**	Perte de l'associativité
4	16	Sédénions **S**	Perte de l'alternativité

Au-delà des quaternions, les octonions gardent leur importance en algèbre et en géométrie, notamment parmi les groupes de **Lie**, ils trouvent leur usage en mécanique quantique (spin, ou moment cinétique, de l'électron).

<u>ANNEXE 4:</u>

**LES ENTIERS D'EISENSTEIN, NOMBRES DE LA FORME
Z = A + BJ.**

Issu d'une famille pauvre, Max Gotthold Ferdinand Eisenstein (Berlin 1823 – Berlin 1852) se passionne pour les mathématiques et s'inscrit à l'université de Berlin en 1843où il fut l'ami de Kronecker et où Dirichlet sera son professeur. Un article dans le *journal de Crelle* le fait connaître et Von Humboldt lui fait rencontrer Gauss, il étudiera également auprès d'Hamilton. Jacobi lui fait obtenir un doctorat honoraire à l'école philosophique de l'université de Breslau. Très vite, il devient l'un des plus grands mathématiciens de son époque au point que **Gauss**, étonné par son esprit prodigieux déclara : « Il n'y a eu que trois mathématiciens qui ont forgé leur époque : **Archimède, Newton et Eisenstein** ». **Riemann** suit ses cours sur la théorie des fonctions elliptiques en 1847. En 1848, Eisenstein participe aux réunions de clubs d'inspiration démocratique, il est arrêté et emprisonné, sa santé se dégrade à cause de la tuberculose et tout comme **Abel** et **Galois**, il meurt avant l'âge de 30 ans.

Ses travaux portèrent sur la théorie des formes quadratiques et ternaires (théorie des invariants), la théorie analytique des nombres et l'étude des fonctions elliptiques dont la théorie, plus audacieuse que celle de Jacobi, fit l'admiration de Riemann. Il s'intéressera également aux partitions de nombres premiers en somme de carrés, aux nombres de Fermat… et énoncera notamment que :

Tout nombre premier P dans N de la forme 3n + 1 est décomposable sous la forme 3a² + b²

A l'instar de Gauss qui avait défini ses entiers complexes, Eisenstein étudie les nombres complexes de la forme **a + bj, ou j désigne la racine cubique complexe d'ordonnée positive** :

$$J = \{-1 + i\,(3)^{0,5}\}/2$$

Que l'on peut écrire : -0,5 + i (0,75)^{0,5} = -0,5 + 0,866… i

et où a et b sont des entiers relatifs.

Ces nombres sont les entiers d'Eisenstein.
Son module étant égal à 1,

j = cosinus 120° + i sinus 120°,

ou, en radian :

j = cosinus (2π) rad / 3 + i sinus (2π) rad / 3

Sous sa forme trigonométrique,

j = | z | (cos α + i sin α)
Le module de j = | z | = (-0,5² + 0,75²)^{0,5} = 1

On constate que **j** est racine de l'équation : $\mathbf{X^2 + X + 1 = 0}$

$$\mathbf{1 + j + j^2 = 0,}$$
alors qu'avec le nombre d'or $\boldsymbol{\varphi}$ **(0,618033…)** nous avons :
$$\mathbf{1 - \varphi - \varphi^2 = 0}$$
et
$$\boldsymbol{\Phi^2 - \Phi - 1 = 0} \text{ (avec } \Phi = 1{,}618033…).$$
Donc,

$$\mathbf{j + j^2 = \text{-}1 = i^2 \text{ alors que } \varphi + \varphi^2 = +1 = j^3}$$

et il se trouve que**:**

$$\mathbf{j \cdot j^2 = j^3 = +1 \text{ ; donc } j + j^2 + j^3 = 0}$$

Étonnant, non ?

Tout comme −1 à trois racines cubiques, dont deux complexes, il en est donc de même pour +1, ces trois racines sont reprises dans le tableau suivant :

	-1	+1
Racines cubiques élevées au cube.	$-1^3 = \text{-}1$ $[(+1 + i(3)^{0,5})/2]^3 = \text{-}1$ $[(+1 - i(3)^{0,5}/2]^3 = \text{-}1$	$+1^3 = +1$ $[(-1 + i(3)^{0,5})/2]^3 = +1$ $[(-1 - i(3)^{0,5})/2]^3 = +1$

Dans les deux cas, leurs sommes respectives = 0.

	-1	+1
Les 3 racines cubiques de -1 & +1	-1 +0,5 + [(3)^{0,5}i]/2 +0,5 − [(3)^{0,5} i]/2	+1 -0,5 + [i(3)^{0,5}]/2 = j -0,5 − [(i(3)^{0,5}]/2
sommes	= 0	= 0

Représentation dans le plan complexe des racines cubiques complexes de +1 & -1.

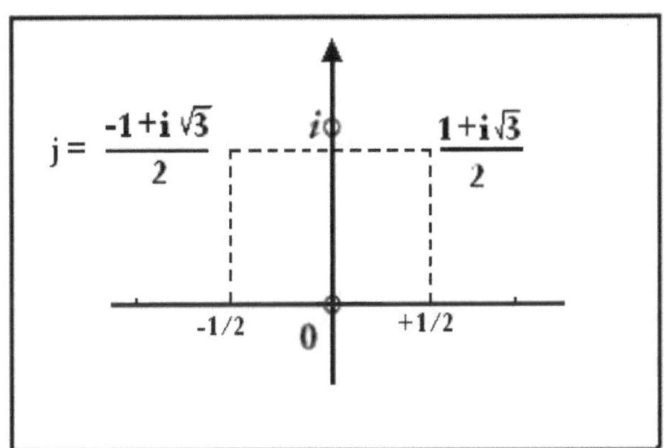

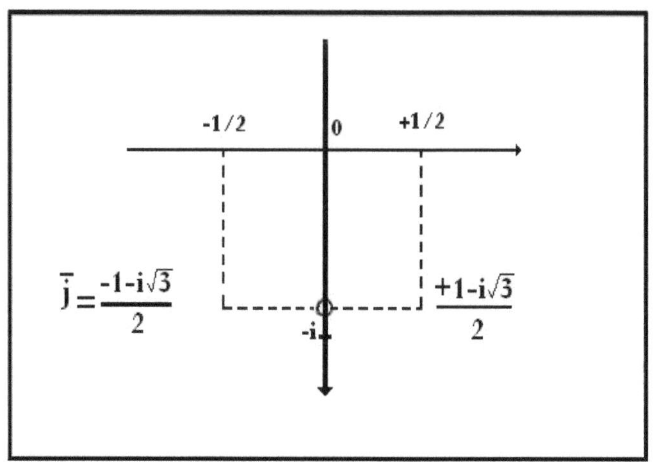

Représentons-les encore différemment.

<u>Les 3 racines cubiques de +1.</u>

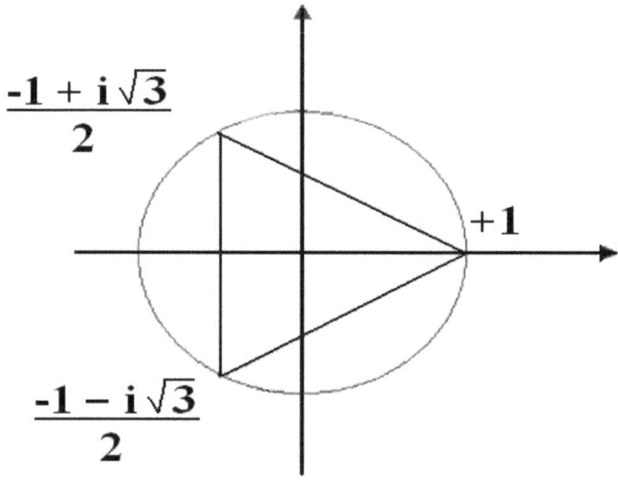

Ce triplet forme les nombres de De Moivre d'ordre 3.

L'équation, comme nous l'avons vu précédemment
est : $X^2 + X^1 + 1 = 0$

Les 5 racines cinquième de +1 (où nous retrouvons le nombre d'or).

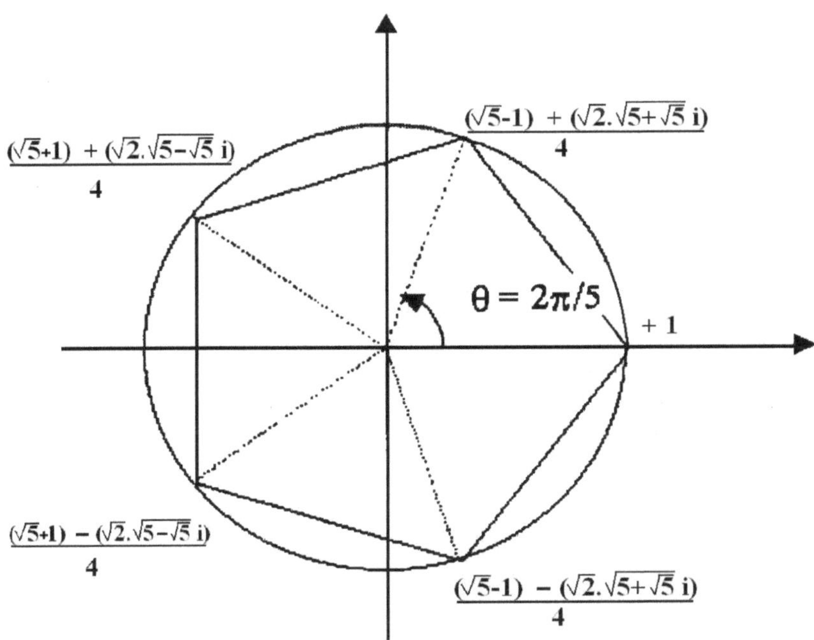

Ce quintuplet forme les nombres de De Moivre d'ordre 5.
L'équation polynomiale est :

$$X^4 + X^3 + X^2 + X^1 + 1 = 0$$

En règle générale il y a n racines nièmes de l'unité. On appelle
polynôme cyclotomique d'indice n un polynôme dont les racines
sont les racines nièmes primitives de l'unité, le degré de ce

polynôme est égal à **φ(n)** ou **φ est la fonction indicatrice d'Euler.** Lorsque n est un nombre premier p (3, 5, 7, 11…), φ(p) = p − 1.

L'équation polynomiale (P) prend alors la forme suivante :

$$\mathbf{P_{(n)} = X^{n-1} + X^{n-2} + \dots + X^{n-n} = 0}$$

Nous pouvons représenter ces racines sur le cercle trigonométrique de rayon 1 ou elles trouvent tout naturellement leurs places respectives lorsque nous le divisons en n secteurs égaux de 360/n degrés.

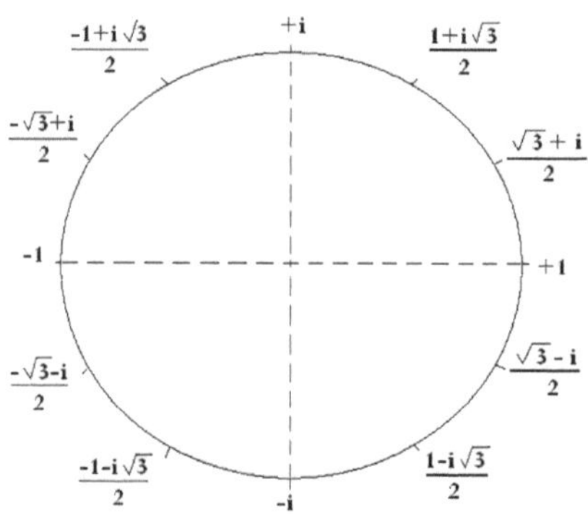

Le cercle trigonométrique de rayon 1 dans le plan complexe bidimensionnel (base 12).

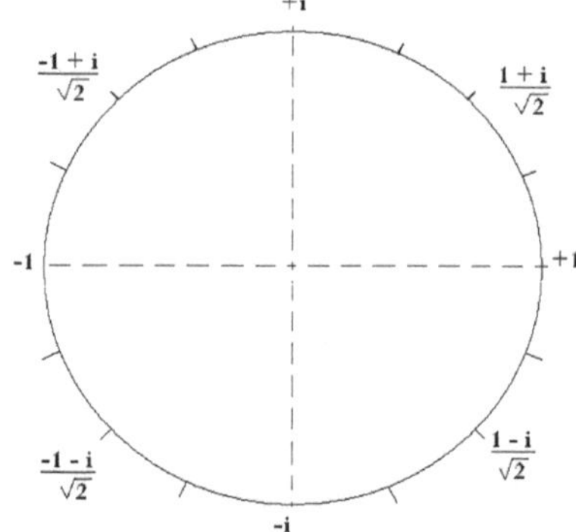

Le cercle trigonométrique de rayon 1 dans le plan complexe bidimensionnel (base 8 & 16).

Sources bibliographiques :

1) – Lucien ROMANI. *Structure des grandeurs physiques (analyse dimensionnelle et absolue).* Éditions Librairie Scientifique et technique Albert Blanchard, 9 rue de Médicis, 75006 Paris. 1989.

2) – Jean-Pierre PETIT. *On a perdu la moitié de l'Univers.* Éditions Albin Michel, 1997.

3) – Science4All. *Les vaccins à ARN.* YouTube.
 – *Que contient l'ARN des vaccins ?* Youtube.

4) – https://egypte-eternelle.org/index.php/fr/les-textes/amdouat.

5) – Grégoire KOLPAKTCHY. *Livre des morts des anciens égyptiens.* L'Omnium littéraire, 1973.

6) – Guy DAVIGNON. *Réflexions sur la plus grosse « erreur » de l'Histoire de la Physique, ou « catastrophe du Vide ».* BoD éditeur, 2024.

7) – Jean-Pierre PETIT. *Janus 1 à 35, ensemble de vidéos publiées sur YouTube.* Site internet : www.jp-petit.org

8) – Chris ESSONNE. *[80] Les trous noirs expliqués par la physique de l'éther.* Science interdite, YouTube.

9) - Etienne GUILLE. *L'Homme et son Double.* Éditions L'Originel, Paris, 2000.

10) – Stéphane LUPASCO. *L'Univers Psychique (la fin de la psychanalyse),* Éditions Denoël/Gonthier.

11) – Étienne GUILLE. *L'Énergie des Pyramides et l'Homme, (les pyramides vibratoires de l'être humain).* Éditions L'Originel, 1989, Paris.

12) – Carlo SUARES. *Les Spectrogrammes de l'alphabet hébraïque.* Éditions Mont-Blanc, Genève, 1973.

13) – Annick de SOUZENELLE. *La LETTRE, Chemin de Vie. Le symbolisme des lettres hébraïques.* Dervy-Livres, 1987.

14) – Ida RABINOVITCH. *La Science et le Divin.* Éditions Présence, 2003.

15) – Jean-Claude PEREZ. *L'ADN décrypté. La découverte et les preuves du langage caché de l'ADN.* Éditions Marco Pierrette, 1997.

16) - Jean-Claude PEREZ. *Codex Biogénésis, les 13 codes de l'ADN.* Éditions Marco Pietteur, 2009.

17) – Don NEROMAN. *La plaine de vérité.* Éditions Sous le Ciel, 1951.

18)- Don NERMAN. *Le Nombre Nuptial.* Éditions Sous le Ciel, 1953.

19) – Marc GUINOT. *Gauss, Princeps Mathematicorum.* Aléas, 1997.

Sources complémentaires.

– ENEL. *Les Origines de la Genèse.* Maisonneuve & Larose, 1985.
– *La Langue Sacrée.* Maisonneuve & Larose, 1968.
– *Le Mystère de la Vie et de la Mort. D'après l'enseignement des Temples de l'Ancienne Égypte.* Arka Éditions, 2001.

– Stéphane LUPASCO. *Les Trois Matières, Ed. R. Julliard.*
– *L'Expérience microphysique et la pensée humaine,* Éditions du Rocher.
– *La Tragédie de l'Énergie,* Éditions Casterman.

– Lucien ROMANI. *Théorie Générale de l'Univers Physique, tome 1 et 2.* Éditions Albert Blanchard, 1975, Paris.

– Wilhelm REICH. *L'éther dieu et le diable.* Petite bibliothèque Payot, 1973.

– Christine HARDY. *La Science devant l'inconnu.* Éditions du Rocher, 1983.

– Trinh Xuan THUAN. *La Plénitude du Vide.* Éditions Albin Michel, 2016.

– Olivier SERRET. Einstein aurait-il encore raison ? 2022

– Don NEROMAN. *Le Nombre d'Or.* Dervy-Livres, 1981.

– Etienne GUILLE. *L'Homme entre Ciel et Terre (une nouvelle approche de la réalité), entretiens avec Jean-Louis Accarias.* Éditions L'Originel, Paris, 2012.
– Le langage vibratoire de la vie, l'alchimie de la vie. Éditions du Rocher, 1990.

– Jean-Pierre PETIT. *Recherche Scientifique : Un naufrage mondial.* Éditions Guy Trédaniel, Paris, 2022.

– Barry MAZUR. *Ces nombres qui n'existent pas.* Editions Dunod, Paris, 2004.

– Hicham ZEJLI. *Modèle Cosmologique Janus. Univers bimétrique : Perspectives & Défis.* Https://fr.scribd.com.

– TheOnlyMaXBlog. *Les secrets de l'antigravité – masse négative et matière noire.* YouTube, 28/01/2021.

– Keith FRANCIS. *Rudolf Steiner et l'atome.* Éditions Triades, 2016.

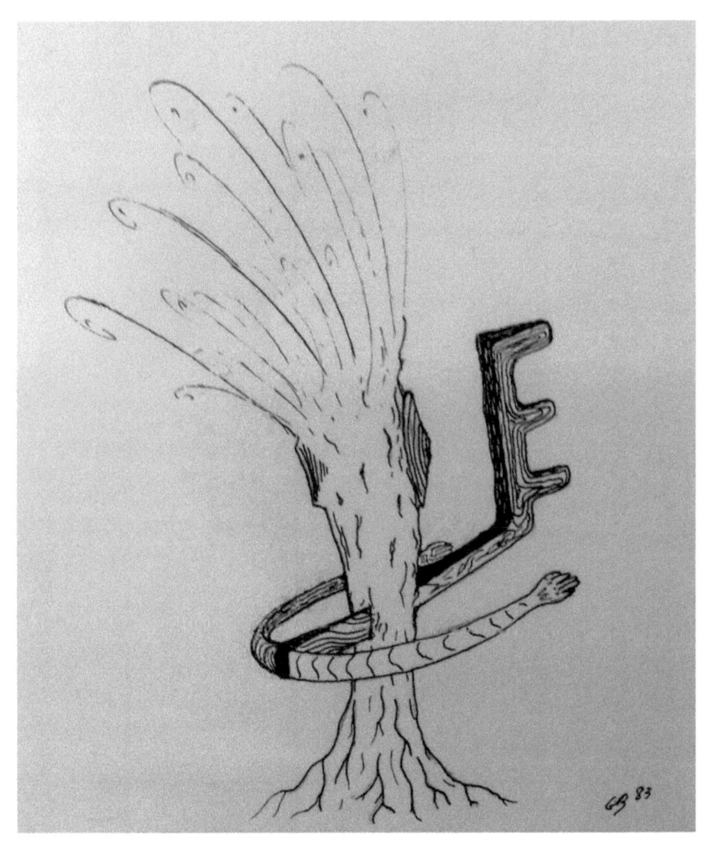